中国海洋大学教材建设基金资助
山东省研究生教育质量提升计划建设项目(SDYK16004)资助

化学海洋学实验

主　编　谭丽菊
副主编　李　铁　祝陈坚

中国海洋大学出版社
·青岛·

图书在版编目(CIP)数据

化学海洋学实验 / 谭丽菊主编. —青岛：中国海洋大学
出版社，2017.12

ISBN 978-7-5670-1766-5

Ⅰ．①化…　Ⅱ．①谭…　Ⅲ．①海洋化学—化学实验
Ⅳ．①P734-33

中国版本图书馆 CIP 数据核字(2018)第 073403 号

出版发行	中国海洋大学出版社
社　　址	青岛市香港东路 23 号　　　邮政编码　266071
出 版 人	杨立敏
网　　址	http://www.ouc-press.com
电子信箱	1079285664@qq.com
订购电话	0532—82032573(传真)
责任编辑	孟显丽　　　　　　　　　电　　话　0532—85901092
印　　制	日照报业印刷有限公司
版　　次	2018 年 4 月第 1 版
印　　次	2018 年 4 月第 1 次印刷
成品尺寸	170 mm×230 mm
印　　张	13.25
字　　数	227 千
印　　数	1～1000
定　　价	36.00 元

如发现印装质量问题，请致电 0633—8221365，由印刷厂负责调换。

序
PREFACE

　　"化学海洋学实验"是"化学海洋学"理论课程的实践环节,是配合理论课程使用又相对独立的一门课程。

　　化学海洋学实验与其他化学实验相比,有不同的特点。实验内容面向海洋现场与过程,综合性强,部分实验以开放性、设计性的方式开设。书中设计的实验克服了海洋现场的现象与过程不易在实验室内或较短的实验周期内实现的难题。从海洋中的化学平衡和物质存在的形态和形式入手,综合物理化学实验和仪器分析实验的手段,形成了该课程的实验框架,比较全面地介绍了化学海洋学课程所包含的理论以及实际测试和计算方法。本书主要包括六大部分,分别为:海水主要成分(实验一、二),海水中的微量元素(实验三、四、五),海洋中碳的化学(实验六至十),海洋化学中的生物作用(实验十一至十三),海洋化学中的界面作用(实验十四至二十一),海水的物理化学性质(实验二十二至二十五);实验涵盖了海洋体系各个部分和各组分的相关理论和研究方法,比较全面地介绍了海洋化学的理论和实践体系。其中有些实验过程较长,用"*"标注,适用于海洋生态和化学环境评估及创新性设计实验,可根据实验室的具体条件选做。

　　中国海洋大学已有40余年开设本科化学海洋学实验的历史,就相关实验内容积累了丰富的教学经验。在多年来编写的内部讲义基础上,不断扩充更新,结合了海洋化学领域的最新研究成果,逐步形成了完整的实验教学体系,现编撰成书。本书凝聚了中国海洋大学两代海洋化学教师的智慧和心血,采纳了多名专业人员的意见和建议,历经多次修改。本书编者都是海洋化学专业的骨干教师,长期从事相关专业的教学和科研工作。在编写该书过程中,各位编者各负其责,分工合作。其中,谭丽菊主要负责实验五、十、十一至十四、十六至二十二、二十四至二十五的编写和全书的统稿工作;李铁主要负责实验二、六、七、八、九、十五和二十三的编写工作,并对其他实验提出了意见和建议;祝陈坚主要负责实验一、三、四的编写工作;另外,在本书编写过程中,还得到了中国海洋大学化学化工学院王江涛教授、刘春颖教授、张洪海副教授等多位专家的指点和帮助。中国海洋大学为该书的出版提供了经费支持。在此,对所有为该书的成书及出版给予帮助和做出贡献者表示诚挚的谢意。

本书读者为高等院校海洋科学以及相关专业的本科生、研究生以及各海洋研究所的海洋工作者。限于水平,书中难免有纰漏,请广大读者批评指正。

编　者

2018 年 4 月

目 录

CONTENTS

第一部分　海水的主要成分

　　海水的主要成分，或称海水常量元素，是指海水中含量大于 1 mg/kg 的成分。通常指 Na^+、K^+、Ca^{2+}、Mg^{2+} 和 Sr^{2+} 5 种阳离子，Cl^-、SO_4^{2-}、Br^-、HCO_3^- 和 F^- 5 种阴离子，以及主要以分子形式存在的 H_3BO_3，共 11 种成分，其总量占海水总盐分的 99.9%。由于这些成分在海水中的含量较大，各成分浓度间的比值近似恒定，生物活动对其浓度影响很小，性质比较稳定，在海水中的逗留时间较长（$10^{5.7} \sim 10^8$ a 之间），是海水中的保守成分。

　　海水主要成分以自由离子和离子对的形式存在。探讨其在水体中的存在形式，是针对海水主要成分的研究内容之一。本部分共设计两个实验：其一以海水中的主要成分氟和镁为例，介绍测定离子对形成常数的一种典型方法；其二，以钙元素为例，对主要成分氯度比值稳定性的影响因素进行探讨。

实验一　电位法测定氟镁离子对缔合常数

一、概述

　　离子缔合(离子对的形成)是影响海水主要成分存在形式的主要因素。离子对缔合常数是研究海水主要成分存在形式的基本参数之一。

　　本实验以海水中的 F^- 和 Mg^{2+} 为例,介绍海水中离子对形成常数的测定方法。在正常大洋水中, F^- 约有一半以自由离子的形式存在,其他的为各种形式的缔合物。在形成的离子对中,以 MgF^+ 为主, $[MgF]/\sum F$ 可达 40% 以上。要了解 Mg^{2+} 和 F^- 的缔合情况,首先需要知道 MgF^+ 的离子对形成常数。本实验介绍 MgF^+ 离子对缔合常数的测定方法。

二、目的要求

　　掌握离子选择电极的使用方法;掌握电位法测定离子对形成常数的原理和计算方法;了解海水主要成分存在形式的研究方法。

三、实验原理

　　当向含有氟离子的溶液中加入镁离子时,镁离子与氟离子形成离子对,见式(1-1):

$$Mg^{2+} + F^- = MgF^+ \tag{1-1}$$

　　形成离子对后,游离氟离子浓度降低,各离子浓度关系满足式(1-2):

$$K'_{MgF^+} = \frac{[MgF^+]}{[Mg^{2+}][F^-]} \tag{1-2}$$

式中, K'_{MgF^+}-MgF^+ 为离子对的表观形成常数;

　　[ ]表示各成分的体积物质的量浓度。

　　当总氟 $\sum F$ 浓度不变时, $[F^-]$ 随 $[Mg^{2+}]$ 的增加而减少,用氟离子选择电极测定溶液中的 $[F^-]$,当 pH 在 5.5~6.0 时,可避免溶液中 OH^- 对氟电极的干扰,氟电极响应电位与 $[F^-]$ 的关系满足 Nernst 公式:

$$E = E^0 - \frac{RT\ln 10}{F}\lg a_{F^-}$$

$$= E^0 - \frac{RT\ln 10}{F}\lg f_{F^-} \cdot [F^-]$$

$$= E^0 - \frac{RT\ln 10}{F}\lg f_{F^-} - \frac{RT\ln 10}{F}\lg[F^-]$$

$$=E^{0\prime}-\frac{RT\ln10}{F}\lg[F^-] \tag{1-3}$$

令 $S=\dfrac{RT\ln10}{F}$，$pF=-\lg[F^-]$

式(1-3)可简化为：

$$E=E^{0\prime}+SpF \tag{1-4}$$

根据测得的电位值，按式(1-4)计算出每次加入 Mg^{2+} 后游离氟离子的浓度。然后根据式(1-2)即可求出 MgF^+ 离子对表观形成常数 K'_{MgF^+}。

四、仪器和药品

1. 仪器

(1) PZ91/2 数字电压表,1 台；

(2) 1KF-WERKE 搅拌器,1 台；

(3) 上海雷磁 PF-1-01 氟离子选择电极,1 支；

(4) 217 型饱和甘汞电极,1 支；

(5) 50 cm^3 大肚移液管,1 支；

(6) 10 cm^3 移液器,2 支；

(7) 100 cm^3 塑料烧杯,1 只；

(8) 10 cm^3 移液器枪头,若干。

(9) 洗瓶、洗耳球、搅拌子、镊子,各 1。

2. 试剂及配制方法

(1) 试剂:0.7 mol/dm^3 $NaClO_4$ 溶液。

配制方法:称取 196.644 g $NaClO_4$ · H_2O 于烧杯中,加高纯水溶解,转移入 2 000 cm^3 容量瓶中,用高纯水定容,使用前过滤。

(2) $NaClO_4-NaF$ 溶液(0.7 mol/dm^3-1 $mmol/dm^3$):2 000 cm^3。

称取 196.644 g $NaClO_4$ · H_2O 于烧杯中,加高纯水溶解,转移入 2 000 cm^3 容量瓶中,加入 0.1 mol/dm^3 的 NaF 溶液 20 cm^3,用高纯水定容,使用前过滤。

(3) $Mg(ClO_4)_2-NaF$ 溶液(0.233 mol/dm^3-1 $mmol/dm^3$):2 000 cm^3。

称取 104.012 g 无水 $Mg(ClO_4)_2$ 于烧杯中,用高纯水溶解,转移入 2 000 cm^3 容量瓶中,加入 0.1 mol/dm^3 的 NaF 溶液 20 cm^3,用高纯水定容,使用前过滤。

(4) NaF 溶液(0.1 mol/dm^3):500 cm^3。

称取 4.199 g NaF 于烧杯中,用高纯水溶解后,转移入 1 000 cm^3 容量瓶中,用高纯水定容,转移入聚乙烯瓶中保存。

(5) KNO_3 溶液(3 mol/dm^3):200 cm^3。

称取 303.0 g 优级纯 KNO_3 于烧杯中,用高纯水溶解,转移入 1 000 cm^3 容量瓶中,用高纯水定容,转移入聚乙烯瓶中保存。

五、实验步骤

1. 仪器安装

在该实验中,工作电极为氟离子选择电极,参比电极为 217 型带盐桥饱和甘汞电极。将 2 支电极固定在橡胶塞上,橡胶塞置于反应池顶端,用于密封反应体系。反应池为 100 cm^3 塑料烧杯(预先放入搅拌子)。首先在甘汞电极的盐桥内加入适量 3 mol/dm^3 KNO_3 溶液,然后将 2 个电极分别与数字电压表的正负极连接。其中,氟离子选择电极连接正极,甘汞电极连接负极。

2. 清洗

用去离子水将反应池清洗干净,同时清洗电极对、搅拌子和橡胶塞。反应池中放入约 70 cm^3 去离子水,放入搅拌子,搅拌约 5 min。倒掉蒸馏水,用洁净滤纸吸干电极对、搅拌子和反应池杯壁上的水分。

3. 电极标定

用移液管移取 50 cm^3 $NaClO_4$ 和 NaF 混合溶液到反应池中,开始搅拌,测定溶液的电位值,待示数稳定后,在表 1-1 中记录电位值。用移液器移取 10.00 cm^3 $NaClO_4$ 溶液放入反应池中,记录稳定后的电位值,同样填入表 1-1 中。继续加入 $NaClO_4$ 溶液并测定电位值,共添加 4 次,一共测得 5 个电位值,填入表 1-1 中。

4. 清洗

将反应池中的溶液倒掉,用高纯水清洗干净,同时清洗电极对、搅拌子和橡胶塞。反应池中放入约 70 cm^3 去离子水,放入电极对、搅拌子和橡胶塞,搅拌约 5 min。倒掉高纯水,用洁净滤纸吸干各部件水分。

5. 测定

移取 50.00 cm^3 $NaClO_4$ 和 NaF 的混合溶液于反应池中,测定电位值,用移液器移取 10.00 cm^3 $Mg(ClO_4)_2$ 和 NaF 的混合溶液放入反应池中,记录稳定后的电位值,填入表 1-2 中。继续加入该混合溶液并记录电位值,共添加 4 次,一共测得 5 个电位值,填入表 1-2。

6. 重新清洗反应池和各部件,步骤同 2

7. 结束

取下电极,用洁净滤纸吸干水分,放入电极盒中。关闭仪器电源,实验结束。

六、结果计算

1. 电极标定

计算每次添加 $NaClO_4$ 溶液后游离 F^- 的浓度[F^-],连同相应的电位值填入表 1-1 中。以 E 对 pF 作图,求斜率 S 和截距 E'_0。

表 1-1　电极标定测定

$t=$ _____℃ , $S_{理论}=$ _____

V_{NaClO_4} (cm^3)	$E(mV)$	$[F^-]$(mol/dm^3)	pF
0			
10			
20			
30			
40			
	$S_{测定}=$		$E'_0=$

在此,t 为室温,即反应体系的温度,在实验之前用温度计测得。$S_{理论}$ 根据公式 $S=\dfrac{RT\ln 10}{F}$ 计算得到。其中,R 取值 8.314,T 为室温的绝对温度,F 值为法拉第常数。为准确起见,后面的计算用理论值。

2. 形成常数的计算

根据测得的电位值,根据公式(1-4)计算体系中$[F^-]$,然后根据式(1-5)和(1-6)计算其他离子的浓度:

$$[MgF^+]=\sum F-[F^-] \tag{1-5}$$

$$[Mg^{2+}]=\sum Mg-[MgF^+]=\sum Mg-(\sum F-[F^-]) \tag{1-6}$$

将计算得到的 pF、$[F^-]$、$[Mg^{2+}]$ 和 $[MgF^+]$,填入表 1-2 中,根据公式(1-2)计算形成常数。

表 1-2　测定时各参数的数值

$V_{Mg(ClO_4)_2}$ (cm^3)	$E(mV)$	$\sum Mg$ (mol/dm^3)	pF	$[F^-]$ (mol/dm^3)	$[Mg^{2+}]$ (mol/dm^3)	$[MgF^+]$ (mol/dm^3)	K'_{MgF^+}
0							
10							
20							
30							
40							
			K'_{MgF^+} 平均值=				

最后求得 K'_{MgF^+} 的平均值,计算相对误差。

七、问题讨论

（1）已知 $K'_{NaF^0} = 0.045 \pm 0.006$（温度 25℃，离子强度 $I = 0.7$ mol/dm³）如果考虑 NaF 离子对，那么对 K'_{MgF^+} 有何影响？

（2）在本实验中，为什么要用较高浓度的 $NaClO_4$ 溶液做底液？

（3）氟离子选择电极的工作原理是怎样的？

（4）查阅文献，查得相同温度条件下的理论形成常数，计算方法误差并分析原因。

附录1.1　氟离子选择电极(工作电极)

离子选择电极又称膜电极,该电极的特点为:仅对溶液中特定的离子有选择性响应,其关键是一个称为选择膜的敏感元件。敏感元件可以是单晶、混晶、液膜、功能膜及生物膜等。离子选择电极法的特点是:① 测定的是溶液中特定离子的活度而不是总浓度;② 使用简便迅速,应用范围广,尤其适用于对碱金属、硝酸根离子等的测定;③ 不受试液颜色、浊度等的影响,特别适用于水质连续自动监测和现场分析。目前,pH和氟离子的测定所采用的离子选择电极法已定为标准方法,水质自动连续监测系统中,有10多个项目采用离子选择电极法。

氟电极的敏感膜为掺有 EuF_2 的 LaF_3 单晶切片,其结构如图 1-1 所示。其内参比电极为 Ag-AgCl 电极,内参比溶液为 $0.10\ mol/dm^3$ 的 NaCl 和 $0.10\ mol/dm^3$ 的 NaF 混合溶液(F⁻用来控制膜内表面的电位,Cl⁻用以固定内参比电极的电位)。

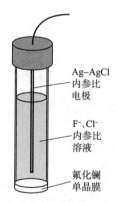

Ag-AgCl
内参比
电极

F⁻、Cl⁻
内参比
溶液

氟化镧
单晶膜

图 1-1　氟离子选择电极结构图

其工作原理为:LaF_3 的晶格中有空穴,在晶格上的 F⁻可以移入晶格邻近的空穴而导电。对于一定的晶体膜,离子的大小、形状和电荷决定其是否能够进入晶体膜内,故膜电极一般都具有较高的离子选择性。当氟电极插入到含有 F⁻的溶液中时,F⁻在晶体膜表面进行交换。25℃时,有:

$$E_膜 = K - 0.059\lg a_{F^-} = K + 0.059pF$$

该电极需要在 pH 为 5～7 之间使用,pH 高时,溶液中的 OH⁻与 LaF_3 晶格膜中的 F⁻交换,pH 较低时,溶液中的 F⁻生成 HF 或 HF_2^-。

使用过程的注意事项:

(1) 电极第一次使用之前需要活化,方法为:在低浓度(10^{-6}或 10^{-5} mol/dm³)的 F⁻ 溶液中浸泡 30 min;

(2) 电极使用过程中,不能一直浸泡在溶液中,否则单晶膜会脱落;

(3) 由于单晶膜比较脆弱,用滤纸擦拭时,不要碰到膜表面,只需将水滴吸走即可。

附录 1.2 饱和甘汞电极(参比电极)

饱和甘汞电极为实验室常用参比电极,常用的型号为 217 型和 222 型,外观如图 1-2 所示,结构如图 1-3 所示。

半电池为:

$$Hg | Hg_2Cl_2, KCl(x mol/dm^3) \parallel$$

电极反应为:

$$Hg_2Cl_2(s) + 2e \Leftrightarrow 2Hg + 2Cl^-$$

使用前用蒸馏水冲洗,用洁净滤纸吸干后放入待测溶液。使用时应注意:

(1) 使用前应取下电极下端口及上侧加液口的小胶帽,不用时应及时戴上。

(2) 电极内饱和 KCl 溶液的液位应以浸没内电极为度,不足时要补充。

(3) 为了保证内参比溶液是饱和的,电极下端要保持少量的 KCl 晶体存在,否则要从加液口补加。

(4) 玻璃弯管处如有气泡,将引起电路短路或仪器读数不稳定,使用前应检查并及时排除气泡。

(5) 使用前要检查电极下端陶瓷芯或玻璃砂芯毛细孔确保畅通。方法是先将电极外部擦干,然后将洁净滤纸紧贴电极下端口片刻,若有湿印则证明畅通。

(6) 电极在使用时应垂直置于待测试液中,内参比溶液的液面应比待测溶液的液面稍高,以防止待测试液渗入电极内。

(7) 饱和甘汞电极在温度改变时常有滞后效应,因此不宜用在温度变化较大的环境中。在实验一和实验六中,使用了双盐桥型电极,加置盐桥可减小由于温度变化而引起的电位漂移。

(8) 饱和甘汞电极在 80℃ 以上电位值不稳定,这时应该改用银/氯化银电极。

(9) 当待测溶液中含有 Ag^+、S^{2-}、Cl^- 及 ClO_4^- 等物质时,应加置 KNO_3 溶液盐桥。本实验由于有 ClO_4^-,因此盐桥中使用的是 3 mol/dm³ 的 KNO_3 溶液。

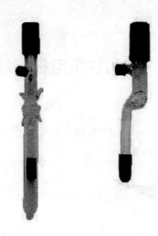

图 1-2　217 型和 222 型饱和甘汞电极

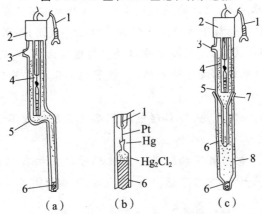

（a）单盐桥型　（b）电极内部结构　（c）双盐桥型

1—导线；2—绝缘帽；3—加液口；4—内电极；5—饱和 KCl 溶液；

6—多孔性物质；7—可卸盐桥磨口套管；8—盐桥内充液。

图 1-3　222 型和 217 型饱和甘汞电极各部分示意图

实验二　海水组成恒定比及其变化(以钙为例)

一、概述

海水主要成分具有近似的组成恒定比关系,即:海水的总含盐量或盐度是可变的,但主要成分浓度之间的比值几乎保持恒定。

海水组成恒定性具有重要的意义:(1) 在一定的温度及压力条件下,海水的一系列物理化学性质主要决定于海水的总含盐量。由于海水主要成分具有恒定性的特点,海水的总含盐量最初由测定某一主要成分而间接求出;(2) 海水的物理化学性质与海水某一主要成分之间也存在着定量关系,例如海水化学中涉及的许多经验公式,都是通过海水的氯度来确定的,从而为海洋科学工作提供了方便。

测定海水主要成分的目的一般是研究其氯度比值(或盐度比值)的(局部)变化或孔隙水分析,要求分析方法具有约$\pm0.15\%$的准确度。近岸海水因受到陆地径流输入的影响,一些主要成分的氯度比值会升高。

海水主要成分的测定一般采用容量法或重量法。为提高精密度和准确度,多采用光度滴定或电位滴定法。在对准确度要求不高的情况下,可采用火焰分光光度法、原子吸收分光光度法、离子色谱法和离子选择电极法等。为提高海水中钙、镁、硫酸根等的测定准确度,还可采用离子交换树脂进行纯化。

本实验以钙为例,选用近岸和远海等不同的海水样品,测定其中的钙离子浓度和氯度,计算钙氯比值,讨论近岸水体钙氯比值可能受到的影响。

二、实验目的

掌握海水中钙离子的测定方法;测定不同水体的钙氯比值,比较它们的差异并讨论影响因素。

三、实验原理

采用 EGTA 络合滴定法测定海水中钙离子的浓度。

螯合剂 EGTA(乙二醇二乙醚二胺四乙酸,$C_{14}H_{24}N_2O_{10}$)对钙离子具有选择性($\lg K_{Ca}=11.0$;竞争离子 Mg^{2+} 的 $\lg K_{Mg}=5.2$),金属指示剂 GBHA(乙二醛双缩-2-羟基苯胺,$C_{14}H_{12}N_2O_2$)在 pH$=11.7$ 的硼砂缓冲溶液中与 Ca^{2+} 形成红色螯合物,萃取到正丁醇中观察滴定终点的颜色变化(变为无色)。通过消耗滴定剂的量计算待测水体中钙离子的含量。

海水氯度的测定见附录 2.2。

四、试剂和仪器

1. 试剂

(1) 0.1 mol/dm³ EGTA 贮备液:称取 38.0 g EGTA 固体,溶解在 300 cm³ 浓度为 1 mol/dm³ 的氢氧化钠溶液中,稀释到 1 000 cm³。

(2) 0.01 mol/dm³ EGTA 使用液(盐度小于 20 时,其浓度为 0.005 mol/dm³): 取 100 cm³ 贮备液,稀释到 1 000 cm³。

(3) 硼砂缓冲溶液(0.05%):准确称取 10.0 g 优级纯的硼砂($Na_2B_4O_7 \cdot 10H_2O$)固体,和 30 g 氢氧化钠固体,用 Milli－Q 水稀释至 500 cm³。

(4) GBHA 指示剂(0.05%):将 GBHA 溶解在正丙醇中,配成 0.05% 的溶液。

(5) 正丁醇:分析纯,用作指示剂的萃取剂用于观察滴定终点。

(6) 钙标准溶液(Cstd0.010 30 mol/dm³):准确称取 1.030 8 g 优级纯的碳酸 钙固体于洁净的烧杯内,加入少量的 Milli-Q 水,滴加稀盐酸使其恰好完全溶解, 再加入 13.672 g $Mg(NO_3)_2 \cdot 6H_2O$,0.0242 g $SrCl_2 \cdot 6H_2O$,和 27.357 g NaCl, 转移至 1 000 cm³ 容量瓶中并稀释至刻度。此溶液的盐度约为 35.0;或者直接使 用国际标准海水(Ca^{2+}/Cl=0.02127)。

2. 仪器

(1) 精密滴定管:分刻度为 0.005 cm³,1 支。

(2) 高型烧杯或高型称量瓶,容积为 50 cm³,若干。

(3) 磁力搅拌器,1 台。

(4) 搅拌子,若干。

五、实验步骤

1. EGTA 溶液的标定

取 10.00 cm³ 钙离子标准溶液于高型烧杯中(已加入洁净且干燥的搅拌子), 加入 95% 的 EGTA 使用液(由盐度或氯度估算),搅拌 3 min,后加入 4 cm³ 0.05%GBHA 指示剂和 4 cm³ 缓冲液,继续搅拌 3 min,最后加入 7 cm³ 正丁醇, 迅速搅拌,使红色络合物完全被萃取到有机层,然后用 EGTA 溶液迅速滴定至有 机层变为无色(注意滴定管头要没入溶液以下)。记录 EGTA 的体积 $V_{EGTA(S)}$。 以上滴定操作要迅速,并且在 15 min 之内完成,平行测定 3 次。

2. 远岸海水样品分析

取 10.00 cm³ 海水样品并称重(m_{SW})，置于高型烧杯中，加入搅拌子，后续操作同1。记录海水样品滴定的 EGTA 体积 V_{EGTA}。每个样品平行滴定 3 次。同时测定样品的盐度或氯度值。

按上述方法分别测定外海水、近岸水中钙离子的含量和氯度。

六、结果计算

1. EGTA 使用液的浓度

$$c_{EDTA}(mol/dm^3) = \frac{c_{Std} \times 10.00}{V_{EGTA(S)}}$$ (2-1)

取 3 次测定的平均值为 EGTA 使用液的浓度。

2. 海水中钙离子的浓度

$$c_{Ca^{2+}}(g/kg) = \frac{c_{EGTA} \times V_{EGTA} \times 40.078}{m_{sw}}$$ (2-2)

取 3 次测定的平均值为海水中钙离子浓度的测定结果。

3. 钙氯度比值

根据待测海水的氯度值或盐度（测定方法见附录 2.2），计算不同海水样品的钙离子氯度比值，并就不同水体的氯度比值进行比较和讨论。

七、思考题

（1）海水中的 Mg^{2+} 和 Ca^{2+} 都是海水主要成分，含量较高，用以上方法进行滴定时，为何可不进行分离而是直接滴定？为何 Ca^{2+} 标准溶液要配在人工海水中？

（2）为何滴定要在 15 min 之内完成？滴定前加入 95% 的 EGTA 工作液的原因是什么？

（3）测定海水中的钙离子含量时，为何要用分析天平称取海水样品的质量？

（4）近岸水与外海水比较，除钙氯比值外，还会伴随其他哪些要素氯度比值变化？

（5）海水中的钙氯比值，除受近岸水影响外，还可能受到其他哪些过程或因素的影响？

（6）结合实验八、九，在测定和研究碳酸钙饱和度时，是否考虑钙的轻微不保守特性而对其进行测定？

附录 2.1　用自动电位滴定仪测定待测海水中的 Ca^{2+} 浓度

自动电位滴定法确定滴定终点有很大的优势,可提高精密度和准确度。海水中钙离子的测定可采用自动电位滴定的方法。

(一) 方法原理

向海水样品中加入滴定剂 EGTA,由于 Ca^{2+} 能与 EGTA 形成络合物,从而使溶液电位值降低并出现突跃。滴定中,溶液的电位由钙离子选择电极指示,可采用适当的模式由电位滴定仪自动给出滴定终点。根据终点时消耗的滴定剂用量计算待测水样中的 Ca^{2+} 浓度。

(二) 试剂

同采用指示剂指示滴定终点的方法,不需要 GBHA 指示剂。

(三) 仪器设备

自动电位滴定仪(如 848Titino plus,瑞士 Metrohm),聚合物膜钙离子选择电极。其他器具同用指示剂滴定的方法。

(四) 操作步骤

1. 自动电位滴定仪的准备

(1) 开机:接通电源,长按[STOP]键至屏幕光条显示条满格后松开,仪器自检,至出现"Buret unit"界面后,点[OK]键,出现主界面"Menu"。

(2) 清洗滴定管:光标选"Menu"按[OK]键,光标移至"Manual control"按[OK]键,进入下一级菜单,选"Dosing"及"PREP",按[OK]键,开始清洗滴定管。重复清洗至少 3 次。

(3) 滴定方法调用:选"Method"按[OK]键,选择方法文件"DET-UCa"及"Load",按[OK]键,选"Yes"按[OK]键,即选择了钙滴定方法。

请设定或确认该仪器的最优条件为:采用动态等当点滴定(DET)模式,起始滴定剂加入所需体积的 $85\% \sim 90\%$,最大加液量为 $0.5\ cm^3$、最小加液量为 $0.1\ cm^3$,等待时间和暂停时间均为 $30\ s$,测量点密度1。

(4) 清洗电极和加液管:用蒸馏水冲洗电极,先上后下先外后内,用吸水纸拭干,放在电极架上待用。同样用蒸馏水冲洗滴定加液管,用滤纸拭干。

2. EGTA 溶液的标定

(1) 移取 $10.00\ cm^3$ 钙标准溶液于称量瓶中,加入 $4\ cm^3$ 硼砂缓冲液,放入磁搅拌子,将洗净的电极和加液管放入滴定池中,浸入液面以下。

(2) 按[START]键开始自动滴定,至屏幕出现"-1"时滴定完成,按[STOP]键结束。记录屏幕显示的终点体积 $V_{EGTA(S)}$(cm^3)和电位值 E(mV),记录室温。冲洗电极和加液管,拭干。

(3) 平行滴定至少3次。

3. 海水样品的测定

(1) 移取 10.00 cm^3 过滤海水样品于称量瓶中,称重并记录(m_{SW})。加入 4 cm^3 硼砂缓冲液,放入磁搅拌子,将洗净的电极和加液管放入滴定池中,浸入液面以下。

(2) 按[START]键开始自动滴定,至屏幕出现"-1"时滴定完成,按[STOP]键结束。记录屏幕显示的终点体积 V_{EGTA}(cm^3)和电位值 E(mV)。冲洗电极和加液管,拭干。

(3) 每个样品至少平行滴定3次。记录测定时的室温。

4. 结束实验及关机

(1) 实验结束后清洗电极和加液管。

(2) 长按[STOP]键至光条显示条满格后松开,仪器关机。断掉电源。

(五) 结果计算

同使用指示剂滴定的方法。

$$c_{EDTA}(mol/dm^3) = \frac{c_{Std} \times 10.00}{V_{EGTA(S)}}$$

取3次测定的平均值用于海水钙浓度计算。

$$c_{Ca^{2+}}(g/kg) = \frac{c_{EGTA} \times V_{EGTA} \times 40.078}{m_{SW}}$$

取3次测定的平均值为海水中钙离子浓度的测定结果。

(六) 注意事项

(1) 每次开始实验前请将滴定剂 EGTA 溶液摇匀。

(2) 溶液密度、电极响应斜率与温度有关,测定要在室温恒定的环境中进行。要时常记录室温,了解变化情况。

(3) 水样测定前要在室内放置一段时间以与室温平衡。

(4) 滴定过程中要观察滴定仪屏幕上滴定曲线形状,若出现波动则电极响应缓慢或不稳定,应重新测定,或考虑调整滴定参数。

附录 2.2 海水氯度的测定

（一）方法原理

海水样品以荧光黄钠盐为指示剂，用标准硝酸银溶液进行滴定，银离子与卤离子 X⁻(Cl^-、Br^- 和 I^-)形成白色、黄色及棕色沉淀 AgX，能吸附带电离子。在等当点前，AgX 沉淀表面吸附 Cl^- 而带负电荷。在等当点之后，AgX 吸附 Ag^+ 离子而带正电荷，从而使指示剂荧光黄的阴离子被吸附在带正电荷的沉淀表面上，使沉淀由黄绿色变为浅玫瑰红色，来指示滴定终点。也可使用 K_2CrO_4 为指示剂进行滴定，或使用电位滴定法（银电极－银/氯化银电极系统）测定海水氯度。

（二）仪器

(1) 15 cm^3 海水移液管，1 支；

(2) 氯度滴定管，1 支；

(3) 150 cm^3 烧杯，若干；

(4) 磁力搅拌器、含搅拌子，各 1 台；

(5) 氯度计算尺（或麦伽莱图）。

（三）试剂

硝酸银溶液：称取 18.5 g(A. R)AgNO₃ 于 400 cm^3 烧杯中，加入 500 cm^3 去离子水溶解，转移于棕色试剂瓶中。必要时需调整其浓度以适于氯度滴定管的刻度范围。

荧光黄钠盐指示剂：将 0.1 g 荧光黄溶于 10 cm^3 0.1 mol/dm^3 氢氧化钠溶液中，用 0.1 mol/dm^3 的稀硝酸中和，用去离子水稀释至 100 cm^3 混匀。取该 1‰ 荧光黄钠盐溶液 12.5 cm^3，加入至 250 cm^3 1‰ 淀粉溶液中混合，再加入 0.25 g 苯甲酸钠，可稳定约一个月。

国际标准海水（IAPSO Standard Seawater）：标有盐度值和电导比 K_{15}。其氯值 N 由标注的盐度值 S 计算；$N=S/1.806\ 55$。注意：标注有氯度值的中国标准海水也可用于硝酸银溶液的标定，但未测定和标注氯度值的中国标准海水，不能由上述公式计算氯度，不可用于测定氯度用硝酸银溶液的标定。自行配制的氯化钠标准溶液，因其浓度计算需使用原子量，也不能用于测定氯度用硝酸银溶液的标定。

（四）操作步骤

硝酸银溶液的标定：用海水移液管移取 15.00 cm^3 标准海水于 150 cm^3 烧杯中，加入 2 cm^3 荧光黄指示剂；放入搅拌子，置于磁力搅拌器上，打开搅拌器，用

$AgNO_3$ 溶液滴定至呈沉淀现浅玫瑰红色,即为终点,记录读数 A。平行滴定三次,差值不大于 0.02。

水样测定:用海水移液管移取 15.00 cm³ 海水样品于 150 cm³ 烧杯中,按硝酸银溶液的标定步骤进行滴定,记录滴定读数 a。平行滴定三次,差值不大于 0.02。

(五)结果计算

根据标准海水三次滴定的平均数 $\bar{A}$,和海水样品三次滴定平均数 $\bar{a}$,及标准海水氯度值 N,用氯度计算尺计算海水样品 Cl。

氯度计算尺使用方法:计算尺由固定尺、滑尺和游标构成,氯度范围为 11.3～20.1,为 Ⅰ、Ⅱ、Ⅲ、Ⅳ 四段。Ⅰ、Ⅱ 段在固定尺的正面,Ⅲ、Ⅳ 段在固定尺的反面。每段有三行数字,分别为 a(或 A)、Cl(或 N)以及盐度 S,其中 a(或 A)值在滑尺上。根据标准海水的氯度值 N 及硝酸银滴定标准海水的读数 A 移滑尺,使 A 值刻度对准 N 值刻度并固定不动。海水样品氯度的求算,则是通过移动游标,使游标上的刻线对准滑尺上的水样滴定值 a,按刻线读出与 a 值相对应的固定尺上的 Cl 读数,即为水样的氯度值。

也可使用麦伽莱(McGary)图查算氯度值,方法如下:

$$\frac{A}{(A+\alpha)\rho_0} = \frac{a}{(a+K)\rho_i} = F$$

  标准海水　　海水样品

式中,A,a 分别为标准海水和水样滴定的读数;

α,K 分别为标准海水和水样滴定读数与氯度之间的校正差值;

ρ_i,ρ_0 分别为水样和标准海水的密度。

标准海水的氯度:$A + \alpha = N$

海水样品的氯度:$a + K = $ Cl

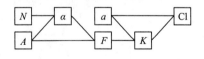

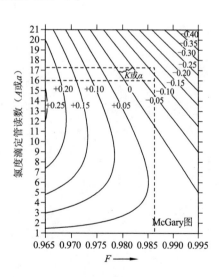

McGary图

第二部分　海水中的微量元素

通常把海水中含量小于 1 mg/dm³ 的元素称为微量元素。微量元素含量低，仅占海水中元素总量的 0.1% 左右。但是该类元素种类较多，在海洋中的循环及迁移转化复杂，同时又受到采样方法和分析手段等各种条件的限制，导致研究难度较大。海水中微量元素的存在形式复杂，在海水中除以自由离子存在外，多以各种络合物的形式存在，其配位体为无机络合剂和有机络合剂。

该部分分别针对微量元素的存在形式、存在形态和在海洋中的化学作用设计了 3 个实验。

实验三　海水中锌的羟基络合物

一、概述

络合物是海水中微量金属的主要存在形式之一,对微量金属在海水中的物理化学性质和生物地球化学循环有重要影响。络合常数的测定是研究微量元素存在形式的基础。为了准确计算元素在海水中的存在形式,必须有准确的络合物稳定常数。本实验以 Zn^{2+} 的羟基络合物为例,介绍微量金属络合物稳定常数的测定方法。

Zn 是海水中的微量金属之一,与 OH^- 的络合是其在海水中的主要存在形式。本实验采用阳极溶出伏安法测定 Zn 羟基络合物的稳定常数。

二、目的要求

掌握电化学工作站的使用方法;了解并掌握阳极溶出伏安法测定海水中金属络合物稳定常数的原理和方法。

三、实验原理

海水中的金属离子与存在于海水中的配位体形成金属络合物:

$$M + xL \Leftrightarrow MLx \tag{3-1}$$

式中,M 为金属离子,L 为配位体,x 为配位数。

形成络合物的累积稳定常数表示为:

$$\beta_x = \frac{a_{MLx}}{a_M \times a_L^x} \tag{3-2}$$

当采用阳极溶出伏安法(ASV 法)测定时,金属络合物在汞电极上的还原反应可表示为:

$$MLx + ne + Hg \Longleftrightarrow M(Hg) + xL \tag{3-3}$$

此反应可分为两步:

$$MLx \Longleftrightarrow M + xL \tag{3-4}$$

$$M + ne + Hg \Longleftrightarrow M(Hg) \tag{3-5}$$

式中,M(Hg)为金属在汞电极上形成的汞齐,n 为每个离子的得失电子数。

当溶液中存在被测离子的配位体时,由于金属络合物的形成,使得被测离子在汞电极上的还原电位降低(发生负移),对于一般的极谱法,可用半波电位的改变表示：

$$E_{\frac{1}{2}} = E_{\frac{1}{2}}(s) - \frac{RT}{nF}\ln\beta_x - \frac{RT}{nF}\ln a^x_L \tag{3-6}$$

式中，$E_{\frac{1}{2}}$ 为有络合时金属离子的半波电位；

$E_{\frac{1}{2}}(s)$ 为无络合时金属离子的半波电位。

对于阳极溶出伏安法，可用峰电位 E_P 代替 $E_{\frac{1}{2}}$，即：

$$E_P = E_P(s) - \frac{RT}{nF}\ln\beta_x - \frac{RT}{nF}\ln a^x_L \tag{3-7}$$

25℃时，将 $R = 8.314\ \mathrm{J \cdot K \cdot mol}$，$F = 96\ 485.3\ \mathrm{C/mol}$ 代入式（3-7），并将自然对数转换为以 10 为底的对数，则有：

$$E_P = E_P(s) - \frac{0.059\ 16}{n}\lg\beta_x - \frac{0.059\ 16}{n}\lg a^x_L \tag{3-8}$$

通过测定配位体的活度（对于本实验，测定 pH 值，可近似认为获得 OH^- 的活度），可以计算络合物是否存在，以及它们的配位数 x 和稳定常数 β_x。

改变 a_L 的值，以 E_P 对 $\lg a_L$ 作图，由直线的斜率 $\Delta E_P / \Delta\lg a_L$ 可求出配位数 x。

$$\frac{\Delta E_P}{\Delta\lg a_L} = -0.059\ 16\frac{x}{n} \tag{3-9}$$

求得配位数 x 后，带入公式（3-8），即可求出稳定常数 β_x。

四、实验仪器和药品

1. 仪器

（1）FX2002 电化学工作站，1 台；

（2）DELTA320 酸度计，1 台；

（3）极谱电极，1 套；

（4）pH 复合电极，1 支；

（5）烧杯 100 cm^3、洗瓶、搅拌子、镊子等若干。

2. 试剂

（1）pH 标准缓冲溶液：中标、碱标。

（2）高纯氮气：99.99%。

（3）稀 NaOH 溶液：浓度不固定。

（4）稀 HCl 溶液：浓度不固定。

五、实验步骤

（1）pH 计的校正：用中性和碱性 pH 标准缓冲溶液校正。

（2）海水准备：取 100 cm^3 洗净的高脚烧杯，取约 80 cm^3 过滤海水。将酸度计的复合电极放入反应体系中。用稀盐酸调节海水体系的 pH 值到 3.00 左右，通入高纯氮气，搅拌 5 min，驱赶溶液中的 CO_2 和 O_2；用稀 NaOH 溶液调节体系的 pH 值为 5.00～5.50。此时溶液 pH 值变化较快，不可调过。如果调过，需要将体系 pH 再调回到 3.00 左右，重新通氮气搅拌 5 min。

（3）连接电路：电化学工作站所采用的是三电极系统（详见附录 3.2），分别为工作电极为银基汞膜电极、参比电极为饱和甘汞电极、对电极为铂电极。将 3 支电极分别接入电化学工作站的相应接入口，测试端放入待测溶液，打开搅拌。

（4）测定参数设定：打开电化学工作站软件，选择测定程序为"阶梯扫描溶出伏安法"，设定测定参数，包括电位值和时间等。系统默认起始电位和终止电位值分别为：-1.4 V 和 0.2 V。各过程时间为：富集时间 1 min，静置时间 1 min，清洗电极 1 min。具体工作条件可根据实际情况进行调节。富集时间越长，溶出峰越高，可通过调节富集时间将溶出峰的高度控制在合适的高度范围内。

（5）测定：点击运行"▶"按钮，系统开始自动运行，完成扫描程序：首先富集，然后静置，此时需关掉搅拌、停气，并读取准确的 pH 值，计入表 3-1，最后溶出。出峰以后，先点击"平滑"，然后点击"寻峰"，读取峰电位计入表 3-1，另存溶出峰，一个周期结束。

电极反应的详细过程为："运行"开始后，程序自动完成对溶液中金属 Zn 的极谱扫描过程。首先是电解富集过程，它是将工作电极固定在产生极限电流电位上进行电解，使被测金属富集在电极上，与电镀在银基上的汞膜形成汞齐。形成汞齐以后，金属可以稳定地以原子形态"溶解"在固体电极上。为了提高富集效果，需要在富集过程中搅拌溶液，以加快被测物质输送到电极表面。富集物质的量与电极电位、电极面积、电解时间和搅拌速度等因素有关。富集完成后，系统自动切换为"静置"状态，此时，需要关闭搅拌，停止通氮气，使溶液完全处于静止状态。工作电极的电位没有变化，仍然处于富集状态，但是此时富集比较缓慢，还原态的金属在工作电极表面均匀分布，有利于溶出峰的光滑。注意此时需要读取准确的 pH 值，计入表 3-1。静止结束，接下来是溶出过程，此时，系统逐渐改变工作电极电位，使之逐渐变大，直至终止电位。在电位由负值逐渐变大的过程中，富集在工作电极上的金属锌失去电子，溶出到溶液中，此时出现锌的溶出曲线，曲线峰值的电位值对特定的金属是固定的数值。如果溶出过程中形成了络合物，峰电位会发生变化，在本实验中为发生负移。扫描结束，打开搅拌，通入氮气，存储溶出峰，读取峰电位，计入表 3-1。

（6）向溶液中加稀 NaOH 溶液改变体系 pH 值，每次增加 0.20 左右，重复步骤 5 的操作。随着 pH 值的增加，OH^- 浓度越来越高，溶出的 Zn 将完全被络合，溶出峰逐渐降低,至溶出峰低至无法读数时,停止改变 pH。

(7) 关闭氮气阀门。取下所有电极,将甘汞电极和白金电极用蒸馏水清洗后置于电极盒中,银基汞膜电极浸泡在蒸馏中,防止电极上的金属汞挥发。复合电极用蒸馏水清洗干净之后,放入电极套中。关闭酸度计、电化学工作站和计算机,实验结束。

六、结果计算

(1) 将每次测定水样的准确 pH 值和所对应 Zn 的溶出峰电位值(E_P)填入表 3-1。

表 3-1　实验数据记录表

序号	pH	E_P(mV)	序号	pH	E_P(mV)
1			5		
2			6		
3			7		
4			...		

(2) 以 pH 为横坐标,$-E_P$ 为纵坐标,作锌溶出电位值随 pH 变化图,连接在同一直线上的点(可作三条直线),读取各拐点坐标,求各直线的斜率($-\dfrac{\Delta E}{\Delta pH}$)。

pH——E_P 图见图 3-1:

(3) 按式 $\dfrac{\Delta E_P}{\Delta \lg c_L} = -0.059\,16\,\dfrac{x}{n}$ 求配位数 x(注

意:应将 $\dfrac{\Delta E}{\Delta pH}$ 变换为 $\dfrac{\Delta E}{\Delta pOH}$),按式 $E_P = E_P(s) -$

$\dfrac{0.059\,16}{n}\ln\beta_x - \dfrac{0.059\,16}{n}\ln\alpha_L^x$ 计算稳定常数 β_x。

(4) 简单计算如下:

① 求配位数。

按公式(3-10),根据 3 条直线的斜率求配位数。

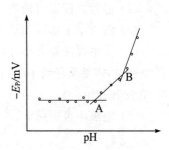

图 3-1　$-E_P$ 和 pH 的关系图

$$x = \dfrac{\Delta E_P}{0.029\,58(-\Delta pH)} \tag{3-10}$$

② 求络合常数。

β_1 求法:

取 L_1、L_2 交叉点 A,此时

$$\lg\beta_1 = -\lg c_L = pOH$$

β_2 求法：

已知 $n=2$，$i=2$，根据 L_1 和 L_2 的交叉点 A 和 L_2 和 L_3 的交叉点 B，根据公式 (3-12) 求 β_2。

$$-\Delta E_P = \frac{0.059\,16}{2}\lg\beta_2 + \frac{0.591\,6}{2}\times 2\lg c_L \tag{3-11}$$
$$= 0.029\,58\lg\beta_2 - 0.059\,16pOH$$

则

$$\lg\beta_2 = \frac{0.059\,16pOH - \Delta E_P}{0.029\,58} \tag{3-12}$$
$$= 2pOH - \frac{\Delta E_P}{0.029\,58}$$

七、问题讨论

(1) 假定 $\beta_3 = 10^{14}$，$\beta_4 = 10^{15}$，根据测定结果计算的 β_1 和 β_2，计算当海水 pH－8.1 时，Zn^{2+}、$Zn(OH)^+$、$Zn(OH)_2$、$Zn(OH)_3^-$、$Zn(OH)_4^{2-}$ 的含量组成。

(2) 在开始测定时，为何要将反应体系中的氧气和碳酸盐驱除？如果不驱除或者驱除不干净，会对实验产生怎样的影响？

八、注意事项

(1) 操作过程中，不要将碱液弄到塞子上。

(2) 静置时读取溶液的准确 pH 值。

(3) 海水中无机碳和氧必须被赶尽，否则将影响溶出峰的形状。

(4) 体系缓冲能力小，pH 变化大，调 pH 值应尽量少加 NaOH 溶液，如果 pH 已经调过，需要重新将 pH 调到 3 左右，重新通入氮气搅拌 5 min，再调到 pH 为 5.00 左右开始。

(5) 电极不可短路。

附录3.1　FX2002 电化学实验工作站

　　该电化学工作站是利用 PC 微机 Windows98/2000/XP 中文操作平台下的工作站,基于 MCS80C196 十六位单片机的恒电位/恒电流系统工作,可进行电位阶跃、线性扫描、快速方波、差分脉冲、常规脉冲、常规差分脉冲、恒电流(电流阶跃、电流扫描)、微分电位溶出等 30 余种电化学研究和分析方法,仪器外观如图 3-2 所示。

图 3-2　FX2002 型电化学实验工作站

主要功能包括:

循环伏安法	线性扫描伏安法	阶梯扫描伏安法
差分脉冲伏安法	常规脉冲伏安法	差分常规脉冲伏安法
方波伏安法	循环方波伏安法	阶梯扫描溶出伏安法
差分脉冲溶出伏安法	常规脉冲溶出伏安法	差分常规脉冲溶出伏安法
方波溶出伏安法	普通采样直流极谱法	交流伏安法
交流溶出伏安法	静止电位溶出法	动态电位溶出法
静止恒流电位溶出法	动态恒流电位溶出法	脉冲富集静止电位溶出法
镀汞实验	控制电流线性扫描法	双电位阶跃计时电流法
线性扫描计时电流法	单阶跃计时电位	双阶跃计时电位法
单电位阶跃计时电流法	恒电流多电极暂态法	循环扫描计时电流法
开路电位测试		

附录 3.2　电极

本实验使用三电极系统,示意图如图 3-3 所示:

(一)汞膜电极(工作电极)

常用的汞膜电极如图 3-3(a)所示。使用前擦净电极的银棒表面,用蒸馏水冲洗后浸泡在 1∶1 HNO$_3$ 溶液中,待表面刚刚均匀变白,立即取出用蒸馏水冲洗,沾汞,如果沾汞不匀可用滤纸摩擦电极表面使汞铺展均匀。否则可再用 1∶1 HNO$_3$ 溶液将汞膜溶去,重新涂汞膜。汞膜必须光亮,均匀涂满整个银棒。

(二)饱和甘汞电极(参比电极)

所用电极为不带盐桥的 222 型。饱和甘汞电极,见附录 4.2。

(三)铂电极(辅助电极,或称对电极)

常用的辅助电极如图 3-3(b)所示,其作用为与工作电极组成回路,使电极之间电流畅通。若测量过程中电流较大时,为使参比电极的电位值保持稳定,与工作电极组成回路,使电极之间电流畅通。该实验必须使用辅助电极,否则将影响测量的准确性。

(a)工作电极　(b)辅助电极

图 3-3　电化学工作站所需电极

附录 3.3　一般 pH 缓冲溶液标准

测定海水 pH 时,需要用到缓冲溶液标准。实验室常用缓冲溶液所用的试剂和在不同温度下的 pH 列于表 3-2。

表 3-2　0~45℃缓冲溶液的 pHs 值

温度(℃)	缓冲液的名称和浓度		
	酸标:邻苯二甲酸氢钾 (0.05 mol/dm³)	中标:混合磷酸盐 (0.25 mol/dm³)	碱标:硼砂 (0.01 mol/dm³)
0	4.006	6.981	9.458
5	3.999	6.949	9.391
10	3.996	6.921	9.330
15	3.995	6.898	9.276
20	3.998	6.879	9.226
25	4.003	6.864	9.918
30	4.010	6.852	9.142
35	4.019	6.844	9.105
40	4.029	6.838	9.072
45	4.042	6.834	9.042

缓冲溶液的配制方法为:

取市售成套的 pH 缓冲溶液 1 小包,选一角用剪刀剪一小口,从小口加入高纯水,倒入 250.00 cm³ 容量瓶中,再用高纯水冲洗试剂袋 2 次,都倒入同一个容量瓶中。继续向容量瓶中加入纯水接近刻度。混匀,待晶体完全溶解后,定容至刻度线。放入冰箱中冷藏备用。

附录 3.4　pH 计:梅特勒(Mittler Toledo)Delta 320 型 pH 计

一、仪器外观(如图 3-4 所示)

图 3-4　梅特勒 Delta 320 型 pH 计外观图

二、使用方法

1. 开机预热

接通电源,开机预热 30 min,预热一定要充分,否则测定数值的准确性低。

2. 校准

320 型 pH 计有 4 种缓冲溶液供选择,校准时可选择一点(一种标准缓冲溶液)、两点(两种标准缓冲溶液)或三点(三种标准缓冲溶液)校正。在本实验中,选择三点校正法。

(1) 在测量状态(测量过程中,或测量结束后)下,长按模式键,进入 prog 状态。

(2) 在温度选择状态下,按 ∧ 或 ∨ 键,将温度设定为环境温度。

(3) 按模式进入 b 选项,按 ∧ 或 ∨ 键,将 b 设定为 3($b=3$)。LCD 屏会逐一显示该缓冲溶液组内缓冲溶液的 pH 值。

(4) 按读数确认并退回到正常测量状态。

(5) 将电极浸入中标,按校正键,仪器在校准时会自动判定终点,当校正好时显示屏上会显示相应的 pH 数值;中标校正结束后,不要按读数,继续进行第二点校正:将电极放入第二种缓冲溶液(如果测定的是酸性介质,则用酸标;测定的是碱性介质,则用碱标),按校正键当到达终点时,显示屏会显示相应的电极斜率和电极性能状态图标,按读数保存二点校正结果并退回到正常的测量状态。

3. 测量

将电极冲洗干净,用滤纸吸干水分,将电极放入待测溶液中,轻微摇晃,然后静置,并按读数键开始测量,测量时小数点在闪烁,显示动态的测量结果。当小数点停止闪烁时,读数稳定。

4. 仪器保养及注意事项

(1) 在将电极从一种溶液移入另一种溶液之前,请用蒸馏水或下一个被测溶液清洗电极,并用滤纸吸干,请勿擦拭电极,以免产生极化和响应迟缓现象。

(2) 测定小体积样品时,请确保电极头部能完全浸没。

(3) 测定完毕,必须清洗电极,确保保湿帽始终盛有1/3的填充液并竖直放置。

(4) 勿使电极填充液干枯,这可能导致电极永久性损伤。将灌有正确填充液的电极竖直放置,并周期性地更换全部填充液。

(5) 切勿将电极存放在蒸馏水中,否则将缩短电极的使用寿命,应保存在填充液中。

附录 3.5 pH 复合电极

在 pH 测量中通常使用复合电极。把 pH 玻璃电极(见附录 7.4)和参比电极(见附录 1.2)组合在一起的电极就是 pH 复合电极。根据外壳材料的不同分塑壳和玻璃两种。相对于两个电极而言,复合电极最大的好处就是使用方便。pH 复合电极主要由电极球泡、玻璃支持杆、内参比电极、内参比溶液、外壳、外参比电极、外参比溶液、液接界、电极帽、电极导线、插口等组成(图 3-5)。其实物如图 3-6 所示。

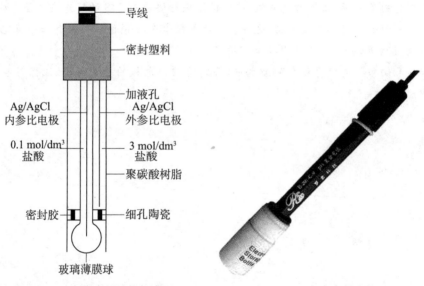

图 3-5　pH 复合电极结构示意图　　　　图 3-6　pH 复合电极实物图

实验四　海水中汞的存在形态

一、概述

海水中的元素以溶解态、颗粒态或有机态、无机态等形态存在,其形态影响着其地球化学和生物学性质。汞在自然界中分布广泛,虽然含量非常低,但是作为一种重金属污染物,其存在形态及含量的分布变化却不容忽视。近年来,汞的存在形态和它在自然界尤其是海-气之间交换的研究一直都是地球化学和环境化学的热点问题。本实验设计测定海水中汞各种形态的分离和测定方法,以了解海水中重金属的存在形态和所占比例。

二、目的要求

掌握原子荧光光度计的使用方法;掌握海水中重金属元素存在形态的测定方法。

三、实验原理

1. 测定原理

无机及不稳定态汞:过滤海水样品中的汞在酸性介质中被 KBH_4 还原成汞原子,然后用高纯氩气吹出,通过进样口进入汞蒸汽嘴,经汞灯照射以后,汞原子受激发而产生荧光,荧光强度与水体中汞的含量成正比。待测水样中无机汞的浓度通过工作曲线计算。

有机汞:将过滤的海水样品用硫酸和过硫酸钾混合试剂消化,将有机汞转化为无机及不稳态汞,再用无机汞的方法测定。

颗粒态汞:将未过滤的海水样品用硫酸和过硫酸钾混合试剂消化,将海水中总汞转化为无机及不稳态汞,再用无机汞的方法测定。减去溶解态汞,即得颗粒态汞含量。

2. 原子荧光光度计工作原理

原子荧光分析方法是以"原子荧光"现象为基础,即原子受到具有特征波长的光源照射后,其中一些自由原子被激发跃迁到较高能态,当其去激发辐射的波长与所产生的荧光波长相同时,这种荧光称为共振荧光,它是原子荧光分析中最常用的一种荧光。如果自由原子由低能态经激发跃迁到达较高能态,去激发而跃迁到不同于原来能态的另一较低能态,就有各种不同类型的原子荧光出现,如直跃线荧光、阶跃线荧光、敏化线荧光、阶跃激发荧光等。各种元素都有特定的原子荧光光谱,根据原子荧光强度的高低可测得试样中待测元素的含量。

原子荧光强度 I_f 和待测样品中某元素的浓度,激发光源和辐射强度等参数存在的基本函数关系为：

$$I_f = \Phi I_a \tag{4-1}$$

通常用比尔-朗伯特定律来表示，即：

$$I_a = I_0(1 - e^{-KLN_0}) \tag{4-2}$$

∴

$$I_f = \Phi I_0(1 - e^{-KLN_0}) \tag{4-3}$$

式中，Φ 为原子荧光量子效率；

I_a 为被吸收的光强；

I_0 为光源辐射强度；

K 为峰值吸收系数；

L 为通过火焰的吸收光程；

N_0 为单位长度内基态原子数。

将(4-3)式按泰勒级数展开，即当自由原子的原子数 N_0 很低时，高次项可忽略不计，原子荧光强度 I_f 表达式可简化为：

$$I_f = \Phi I_0 KLN_0 \tag{4-4}$$

在确定的测试条件下，原子荧光强度与能吸收辐射线的原子总密度成正比。当原子化效率固定时，I_f 与试样浓度 c 成正比，即：

$$I_f = a \cdot c \tag{4-5}$$

式中，a 为比例系数，对特定元素为常数。

上述(4-5)式线性关系只在低浓度时成立，当浓度较高时 I_f 与 c 的关系为曲线关系。因此原子荧光光谱法是一种微量元素分析方法。

仪器原理如图 4-1 所示：

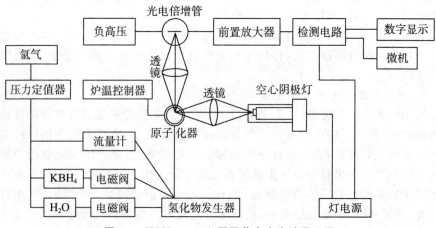

图 4-1　XGY-1011A 原子荧光光度计原理图

四、实验仪器及药品

1. 仪器

(1) XGY—1011A 型原子荧光光度计,1 台;

(2) 50 cm³ 容量瓶,7 只;

(3) 5 cm³ 移液器,2 只;

(4) 1 cm³ 移液器,4 只;

(5) 150 cm³ 锥形瓶,10 只;

(6) 60 cm³ 塑料瓶,7 只;

(7) 2 cm³ 刻度吸管,1 支;

(8) 洗瓶,2 只。

2. 试剂

(1) 高纯氩气(99.99%):1 瓶。

(2) $K_2S_2O_8$ 溶液(5%):1 000 cm³。

称取 50 g 过硫酸钾(提纯)溶于 1 000 cm³ 高纯水中,转入 1 dm³ 试剂瓶中。

(3) 盐酸羟胺溶液(10%):250 cm³。

称取 25 g 盐酸羟胺溶于 250 cm³ 高纯水中,转入 250 cm³ 试剂瓶中。

(4) KBH_4(0.5%):每天现配。

称取 5 g KBH_4 溶于 1 000 cm³ 高纯水中,转入试剂瓶中。

(5) 硫酸(1:1):500 cm³。

(6) $HgCl_2$ 固体或 0.10 mg/cm³ 的汞标准贮备溶液。配制方法见实验步骤。

注:由于本实验测定天然海水中金属的本底值,为痕量浓度,因此,配制试剂所用水均为高纯水,即 Milli—Q 水。

五、实验步骤

1. 工作曲线

(1) 标准贮备液的配制:

准确称取 0.135 4 g $HgCl_2$ 溶于含有 0.05% $K_2Cr_2O_7$ 的 HNO_3 溶液(体积比为 5:95)中,并用此溶液定容至 1 000.0 cm³,此溶液浓度为 0.10 mg/cm³。

配制二次标准:移取 1.00 cm³ 浓度为 0.10 mg/cm³ Hg 的贮备液于 100.0 cm³ 容量瓶中,用含有 0.05% $K_2Cr_2O_7$ 的 HNO_3 溶液(5+95)稀释至刻度,此溶液浓度为 1.00 mg/dm³。

（2）配制使用标准：取二次标准溶液 2.50 cm³ 到 50.0 cm³ 容量瓶中，用 Milli－Q 水定容至刻度。

（3）标准系列：分别移取使用标准 0.50 cm³，1.00 cm³，2.00 cm³，3.00 cm³，5.00 cm³ 到 50.0 cm³ 容量瓶中，用 10% 盐酸定容至刻度（注意：工作曲线的零点为 10% 盐酸，不需要配制，测定时直接倒取）。

（4）测量：移取标准系列 5.00 cm³，注入汞发生器中，按测量键，读取峰值，计入表 4.1 中。每一个标准测定多次，直至有两次信号值相差 1 个单位为止。

2. 样品测定

（1）无机及不稳态汞：取 50.0 cm³ 已过滤海水样品，加入 1∶1 的硫酸 1.2 cm³，摇匀后，取 5.00 cm³ 注入汞蒸汽发生器，按测量键，读取荧光信号值，计入表 4.2 中。平行测双样。

（2）总可溶态汞：取已过滤海水样品 50.0 cm³，加入 1∶1 硫酸 1.20 cm³，加 5% 过硫酸钾 5.00 cm³，加几粒玻璃珠，于电炉上加热至沸 3 min，冷却至室温，加 1.00 cm³ 盐酸羟胺，立即取 5.00 cm³ 样品注入汞蒸汽发生器，按测量键，读取荧光信号值，计入表 4.2 中。平行测双样。

（3）总汞：取未过滤的海水样品 50.0 cm³，加入 1∶1 硫酸 1.20 cm³，加 5% 过硫酸钾 5.00 cm³，加几粒玻璃珠，于电炉上加热至沸 3 min，冷却至室温，加 1.00 cm³ 盐酸羟胺，立即取 5.00 cm³ 样品测定，按测量键，读取荧光信号值，计入表 4.2 中。平行测双样。

3. 试剂空白

（1）无机及不稳定态汞的试剂空白：取 50.0 cm³ 高纯水，加入 1∶1 硫酸 1.20 cm³，取 5.00 cm³ 注入汞蒸汽发生器，按测量键，读取荧光信号值，计入表 4.2 中。平行测双样。

（2）总可溶态及总汞的试剂空白：取 50.0 cm³ 高纯水，加入 1∶1 硫酸 1.20 cm³，加 5% 的过硫酸钾 5.00 cm³，加几粒玻璃珠，于电炉上加热至沸 3 min，冷却至室温，加 1.00 cm³ 盐酸羟胺溶液，立即取 5.00 cm³ 样品测定，按测量键，读取荧光信号值，计入表 4.2 中。平行测双样。

六、结果计算

（1）按表 4-1 中的实验数据，以荧光信号值 I_f 为纵坐标，汞量（μg）为横坐标作图，做工作曲线：

表 4-1　工作曲线的浓度和荧光信号值

$V_{标准}$（cm³）	0.00	0.50	1.00	2.00	3.00	5.00
浓度（μg/dm³）						
荧光信号值						
$r=$		$a=$		$b=$		$y=$

（2）按表 4-2 中的测定值，根据工作曲线，计算海水中无机和不稳态汞（$[Hg]_{Inorg}$）、总可溶态汞（$[Hg]_D$）和总汞（$[Hg]_T$）的含量。

表 4-2　各部分测定值

	$[Hg]_{Inorg}$	$[Hg]_D$	$[Hg]_T$
进样体积（cm³）			
样品峰高			
空白峰高			
样品峰高－空白			
汞量（μg）			
海水中汞的含量（μg/dm³）			

按下式计算样品中有机汞（$[Hg]_{Org}$）和颗粒汞（$[Hg]_P$）的含量：

$$[Hg]_{Org}=[Hg]_D-[Hg]_{Inorg}$$

$$[Hg]_P=[Hg]_T-[Hg]_D$$

（3）分别计算 5 种形态的汞相对于总汞的百分含量。

七、问题讨论

（1）查阅文献，讨论海水中汞主要存在形态的测定值跟文献值的差别，分析产生差别可能存在的原因。

（2）讨论本实验可能存在的误差。

（3）讨论海水中汞的主要存在形态及分布情况。

八、注意事项

（1）储液桶加入溶液后，在旋盖过程中请注意对好丝口，且不要旋得太紧，避免旋盖丝口受损。通气后检查有无漏气现象。

（2）开机前应检查汞发生器下端废液管是否畅通，废液管深入废液桶内不宜太长，防止废液管与桶内废液接触。

（3）工作完毕后，先将"负高压"调到最小值，再将"主电流"和"辅助电流"调到零,再关闭电源开关。

(4) 工作完毕后,请用干净的软布擦拭仪器表面,及时清除工作台面上和室内开口容器中存放的各种酸性溶液,防止酸气对仪器中元件的侵蚀。

(5) 仪器条件选择:一般选择主电流 40 mA,辅助电流 30 mA,负高压:240 V;载气:0.8 dm³/min。各参数可以根据样品中汞含量的高低进行调整。

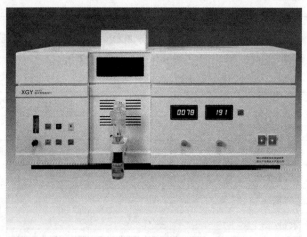

图 4-2　XGY—1011A 型原子荧光光度计

实验五　海水络合容量

一、概述

海水络合容量（Complex capacity，C. C.）是海水中的无机和有机络合剂络合金属离子能力的一种综合量度，规定了天然水体所能络合金属的最大限度。C. C. 不考虑水体中络合剂的种类，而只考虑对金属能产生络合作用的配位体总量，受测试方法、所选金属种类的不同而有一定的差异。一般测定铜的络合容量，记为C. C$_{Cu}$. 。C. C. 已成为目前研究水环境重金属污染时的一个重要水质指标。本实验以铜作为参考离子，采用阳极溶出伏安法，测定水体的络合容量。

二、目的要求

掌握阳极溶出伏安法测定海水中络合容量的原理和方法，并得到可靠的数据；掌握电化学工作站的使用方法；掌握海水中络合容量的计算方法。

三、实验原理

不断向待测溶液中加入 Cu^{2+}，同时测定游离 Cu^{2+} 的浓度，用铜的总浓度对游离离子的浓度作图，如图 5-1 所示。当海水中的配位体被加入的金属离子全部消耗时，滴定曲线的斜率就出现转折，变为斜率为 1 的直线，将直线反向延长，与横坐标的交点所对应的金属总浓度就是待测水样的络合容量。

四、实验仪器和药品

1. 仪器

（1）电化学工作站及配套电极，1 套；

（2）磁力搅拌器　1KF-WERKE，1 台；

（3）80 cm^3 玻璃称量烧杯，1 个；

（4）100 mm^3 微量注射器，1 支。

2. 试剂

（1）高纯汞。

（2）HNO$_3$(1∶1)：将 HNO$_3$(G. R.)跟高纯水等比例混合。

（3）铜标准溶液：用高纯铜粉溶于 HNO$_3$(1∶1)配成 0.100 0 mol/dm^3 储备液，使用时稀释至 1.00×10^{-4} mol/dm^3。

五、实验步骤

(1) 准确移取 $50.0 \ cm^3$ 待测样品于洗净烘干的玻璃烧杯中,烧杯用带有圆孔的橡胶塞密封。

(2) 将 3 支电极(分别为工作电极、参比电极和辅助电极)通过橡胶塞的圆孔插入待测海水中,通高纯氮气入体系中。将电极接入电化学工作站的相应位置。打开搅拌器,通氮气 10 min,去除海水中的氧气。

(3) 测定参数设定:打开电化学工作站软件,选择测定程序为"阶梯扫描溶出伏安法",设定测定参数,包括工作电位值和时间等。系统默认起始电位和终止电位值分别为 $-1.2 \ V$ 和 $0.1 \ V$。各过程设定时间为:富集时间 3 min,静置时间 1 min,清洗电极 1 min。为了增大该方法对铜离子的检出限,可将富集时间适当延长。

(4) 测定:点击运行(▶)按钮,系统开始自动运行,完成扫描程序(首先富集,然后静置,此时需关掉搅拌、停气,最后溶出),出峰以后,先点击"平滑",然后点击"寻峰",读取峰电流计入表 5.1 中,另存溶出峰,一个周期结束。

(5) 打开搅拌,通入氮气,用微量注射器移取 $20.0 \ mm^3$ Cu 标准溶液注入待测水样中,反应平衡 10 min,测定此时水样中游离 Cu^{2+} 所引起的峰电流值,计入表 5.1 中。

(6) 继续加入 $20.0 \ mm^3$ Cu^{2+} 标准溶液,依前法测定,直至出现 10 个有效峰。

(7) 停气,停搅拌,关闭电化学工作站和电脑。

(8) 将参比电极和辅助电极取下,清洗干净,用洁净滤纸吸干水分,放入电极盒中。汞膜电极洗净后浸泡在蒸馏水中。清洗微量注射器,吸干水分后放入专用盒中。将烧杯清洗干净之后放入烘箱中烘干。实验结束。

六、结果计算

(1) 将每次加入的铜体积和测得的峰电流(i_p)填入表 5-1:

表 5-1　实验数据记录表

加入次数	0	1	2	3	...
加入体积(mm³)	0	10.0	20.0	30.0	...
加入铜浓度$[Cu]_T$					
峰电流 i_p					

(2) 做峰电流 i_p 随加入铜总浓度($[Cu]_T$)的滴定曲线(如图 5-1),将该曲线等当点后面的直线部分向左平移通过原点作为工作曲线,根据工作曲线,确定不同

峰高对应的游离铜浓度[Cu]。

(3) 当生成的络合物是 1∶1 型，[Cu]/([Cu]$_T$－[Cu])与[Cu]呈线性关系，采用滴定曲线前面几个点的数据进行回归得到图 5-2，即 Van den Berg 方程：

$$\frac{[Cu]}{[Cu]_T - [Cu]} = \frac{1}{[L]_T}[Cu] + \frac{1}{K'[L]_T}$$

式中，[Cu]为游离铜浓度；[Cu]$_T$为加入铜总浓度；[L]$_T$为配体总数，即水样的络合容量；K'为条件稳定常数。

根据上述直线方程的斜率和截距，分别计算得到络合容量和 K'。

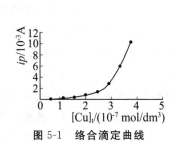

图 5-1　络合滴定曲线

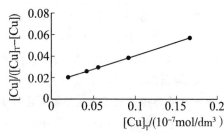

图 5-2　Van Den Berg 数据处理法的曲线

七、问题讨论

(1) 测定海水络合容量的方法有哪些？影响海水络合容量的因素有哪些？

(2) $\dfrac{[Cu]}{[Cu]_T - [Cu]}$－[Cu]关系图应为直线，如果不是直线，试探讨其原因。

(3) 分析该方法的误差来源。

(4) 测定时为何要除氧？

附录 5.1　生物法测定络合容量[*]

（一）概述

海水的络合容量不仅与重金属的形态和地球化学行为有关,也反映水体中降低金属毒性的能力,从生态环境的角度,可视为水体对重金属的某种自净能力。虽然目前测定络合容量时绝大多数采用直接添加金属的方法,采用生物法的报道非常少,但是,由于生物法可以从环境污染的角度,比较直观地看出水体中重金属对生物的影响程度,因此,生物法测定水体的络合容量也是不可或缺的。

（二）实验原理

重金属对浮游植物的毒性,主要与其自由离子的浓度（或活度）有关,某些浮游植物对金属离子很敏感,例如当铜离子活度为 $10^{-9} \sim 10^{-11}\,mol/dm^3$ 时,其生长即受到抑制。浮游植物生物法测定水样的络合容量就是根据这个特点设计的。生物法在基本上不改变海水化学性质的条件下,利用藻的生长情况来确定络合容量的值。

向一系列的海水中加入不同浓度的铜离子,再分别加入一定浓度的 EDTA,向其中加入一定的藻液,同时做不加铜的空白实验。培养一段时间之后,测定空白培养液中的藻浓度与含有不同浓度铜培养液的差别,计算铜的络合容量。

（三）试剂与仪器

1. 试剂

（1）EDTA。

（2）Cu 溶液。

（3）实验室常用藻种。

（4）陈化海水:用 500 W 紫外灯照射 3 h,除去其中的有机物。

2. 仪器

（1）光照培养箱。

（2）20 cm³ 比色管,若干。

（3）显微镜,含血球计数板。

（四）实验步骤

（1）将处理过的陈化海水放入 20.0 cm³ 比色管中,分别加入不同浓度的铜,再加入定量的 EDTA 溶液,同时做空白对照,即不加铜的陈化海水。各试管中加入相同量的藻液,放在光照培养箱中培养 48 h。

（2）从每个试管中用滴管取一定体积的藻液，加入一滴碘溶液固定，在血球计数板上于显微镜上，数出藻细胞的个数。

（五）数据处理

（1）以铜离子浓度为横坐标，不同培养液中藻密度和空白藻液的数值比值为纵坐标，做曲线（图 5-3）。

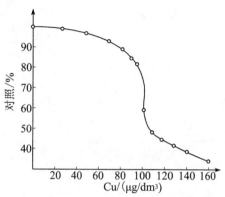

图 5-3　铜浓度不同时对藻的生长影响曲线

（2）用二级微商法确定曲线拐点所对应的 Cu 浓度，得到络合容量。

（3）比较生物法和直接测定法测得的相同水体的络合容量数值。

（六）注意事项

（1）加入少量铜后，藻的生长有增加的趋势，是由于铜在低浓度时起着有益的微量元素作用，当超过一定浓度之后，则产生毒性效应。

（2）EDTA 浓度不同，会引起测得的络合容量不同，因此，需要选择合适的浓度。

（3）紫外线消解用来破坏海水中原来的有机物，如果消解不完全，会引入负误差。

（4）该方法的优点是直观地反映了重金属污染对海水中浮游植物的影响，缺点是时间长，人为因素影响大。

（5）藻的培养过程可能会产生少量的有机物，由于藻在停滞期和指数生长期，有机物渗出很少，引入的误差可以忽略不计。

第三部分　海洋中碳的化学

海洋是地球上重要的碳贮库,碳循环一直是海洋化学研究的重要内容之一。海水中的碳以多种形态存在。就溶解性能而言,海水中的碳可区分为溶解态碳和颗粒态碳。由于碳与生命活动密切相关,因此,海洋中的碳又以无机态碳和有机态碳存在。根据描述方式和研究目的,海洋中碳形态的分类方法很多,常以简称表示(见图1)。碳在海水中的存在形态与多种化学过程和生命活动有关,了解碳的存在形态对海洋科学研究有重要的作用。

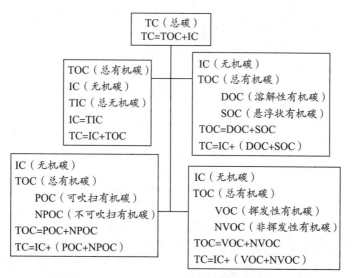

图1　海洋中碳的各种存在形态及分类方式

本课程中,将海水中碳的形态按以下方式分类,即首先区分无机碳和有机碳体系,再以溶解性能区分;无机碳体系再考虑其酸碱解离形式(见图 2)。

$$总碳(TC)\begin{cases} 无机碳(IC)\begin{cases} 溶解无机碳(IC):CO_2(aq)、H_2CO_3、HCO_3^-、CO_3^2 \\ 颗粒无机碳(PIC):CaCO_3(s),包括文石和方解 \end{cases} \\ 有机碳(OC)\begin{cases} 溶解有机碳(DOC),包括胶体有机碳(COC) \\ 颗粒有机碳(POC) \end{cases} \end{cases}$$

图 2　本实验中对海水碳的形态区分

海水碳酸盐体系(carbonate system of seawater)是海水中无机碳的分量以及相互之间的过程或平衡,通常以海水 pH、总碱度、总溶解碳酸盐(又可称作总溶解无机碳,DIC)和海水二氧化碳分压 4 个可直接测定的参数表示。测定其中 2 个参数,根据化学平衡可计算碳酸盐体系各分量及其他参数。

该部分按无机碳和有机碳体系区分,共设计 5 个实验,其中无机碳体系(称为"海水碳酸盐体系"或"海水二氧化碳体系")共 4 个实验,实验六和实验七提供碳酸盐体系参数的测定方法,实验八和实验九为设计性实验,以实验六和实验七为基础,根据实验目的设计研究方案并解决问题,获得实验结果;无机和有机碳的形态 1 个实验,通过样品处理和分析对碳的各种形态进行区分与描述。

实验六　电位法和分光光度法测定海水 pH

一、概述

pH 是反映海水化学性质的基本参数,也是海水碳酸盐体系研究的关键参数。

溶液的 pH 定义为氢离子浓度的负对数,但按照该定义无法对 pH 进行直接测定。在实际工作中采用可操作的方法,如电位法测定 pH 是用电极测定已知 pH 的标准缓冲液和待测溶液的电位,根据二者电位之差和标准缓冲溶液的 pH 获得待测溶液的 pH。因此,由于参考标准和测定方法的不同,有不同的 pH 标度。由于这些 pH 标度具有可操作性,与 pH 定义相比,都属于实用标度。

最常见的 pH 标度是 NBS 标度(NBS 为美国国家标准局,现为 NIST,即美国国家标准技术研究所),标准缓冲液的离子强度为 $0.1 \ mol/dm^3$,适用于稀溶液 pH 的测定。由于操作简便,NBS 标度广泛应用于海水 pH 的测定,但由于海水的离子强度为 0.7,电极体系在标准缓冲溶解和海水样品之间存在液体接界电位差,影响 pH 的意义、准确度和精密度。因此,采用 NBS 标度测定海水 pH 只适于一般性的海洋观测。

为消除液体接界电位差对海水 pH 测定的影响,Hannson(1973)引入了总氢离子浓度标度,即将标准缓冲剂配制在人工海水中。当在低 pH 时向海水中加酸,H^+ 与 SO_4^{2-} 和 F^- 结合成为 HSO_4^- 和 HF。由于海水中 F^- 含量较少而将其忽略,总氢离子浓度为:

$$[H^+]_T = [H^+]_F + [HSO_4^-] = [H^+]_F \{1 + \beta_{HSO_4^-} [SO_4]_T\}$$

其中,$\beta_{HSO_4^-} = \dfrac{[HSO_4^-]}{[H^+][SO_4^{2-}]}$,为 HSO_4^- 的表观稳定常数。总氢离子浓度标度 pH (T)为:

$$pH(T) = -\lg [H^+]_T$$

总氢离子浓度标度的标准缓冲溶液是将 Tris(2-氨基-2-羟甲基-1, 3-丙二醇,或称三羟甲基氨基甲烷)配制在一定盐度的无氟人工海水中,其 pH 值与盐度和温度有关。

与该标度相似,还提出了游离氢离子浓度标度(游离氢离子浓度的负对数)和海水氢离子浓度标度(游离氢离子、硫酸氢根离子和氢氟酸之和的负对数),用于海水 pH 的表征或测定。采用不同 pH 标度测定海水样品,pH 值的结果不同,因此必须注明所采用的标度。

pH 测定一般采用电位法,通常以玻璃电极为指示电极,甘汞电极为参比电极。可也在海水中加入酸碱指示剂显色,采用分光光度法测定。

海水 pH 受温度和压力影响,样品的测定结果需作温度和压力校正为现场海水 pH,或不作校正并注明恒温测定的温度值。本实验在 25℃ 条件下采用总氢离子浓度标度测定海水样品的 pH,并用于对海水碳酸盐体系的计算和表征。

二、实验目的

1. 学习和掌握用电位法和分光光度法测定海水 pH(总氢离子浓度标度)。
2. 将测得的总氢离子浓度标度 pH 值用于海水碳酸盐体系研究。

三、实验原理

1. 电位法测定海水 pH

在一定温度下,由玻璃电极(指示电极)、甘汞电极(参比电极)和待测溶液组成电池系统,其电动势可由 Nernset 方程表示。对于标准缓冲溶液(B):

$$E_B = E_K - \frac{RT\ln 10}{F} pH_B$$

式中,E_K 为恒定值,pH_B 为标准缓冲溶液的 pH 值。对于未知样品(X):

$$E_X = E_K - \frac{RT\ln 10}{F} pH_X$$

因此,未知样品的 pH 为:

$$pH_X = pH_B + \frac{(E_B - E_X)F}{RT\ln 10}$$

电动势 E_B、E_X 由 pH 计测量。由于总氢离子浓度标度的标准缓冲液的离子强度与海水相近,液体接界电位的影响可以忽略。不论采用何种 pH 标度,均使用电位法测定海水 pH,但其精度各不相同,与 pH 标度有关。总氢离子浓度标度 pH 的精度为 0.002。

2. 分光光度法测定海水 pH

在海水样品中加入酸碱指示剂,测定平衡后指示剂酸碱形式的吸光度,并按照其解离平衡常数求算出 pH 值。指示剂一般为酸性染料(H_2In),解离后有三种形式 H_2In(海水 pH 条件下可忽略)、HIn 和 In^{2-}。其总量为:

$$In_T = [In^{2-}] + [HIn^-] = [In^{2-}](1 + K_{HIn^-}[H^+])$$

海水样品的总氢离子浓度表示为 pH(T):

$$pH(T) = \lg K_{HIn^-}(T) + \lg\left(\frac{[In^{2-}]}{[HIn^-]}\right)$$

式中，$K_{\mathrm{HIn^-}}(\mathrm{T})$ 为相同 pH 标度下的指示剂的稳定常数。

在某一波长 λ 下测得的吸光度 A_λ 为：

$$A_\lambda = (\varepsilon_\lambda^{\mathrm{In}}[\mathrm{In^{2-}}] + \varepsilon_\lambda^{\mathrm{HIn}}[\mathrm{HIn^-}])l$$

式中，l 为光程。

水样加入指示剂后在两种波长（两种解离形式的最大吸收波长）下测量吸光度，可确定两种形式的浓度比为：

$$\frac{[\mathrm{In^{2-}}]}{[\mathrm{HIn^-}]} = \frac{(A_2/A_1) - (\varepsilon_2^{\mathrm{HIn}}/\varepsilon_1^{\mathrm{HIn}})}{(\varepsilon_2^{\mathrm{In}}/\varepsilon_1^{\mathrm{HIn}}) - (A_2/A_1)(\varepsilon_1^{\mathrm{In}}/\varepsilon_1^{\mathrm{HIn}})}$$

式中，ε 为各形式的摩尔吸光系数。

通过该比值与稳定常数 $K_{\mathrm{HIn^-}}(\mathrm{T})$ 即可得到海水样品的 pH（T）。光度法测定海水 pH 精度可达 0.001（10 cm 光程）。

许多指示剂的平衡常数已测定，如酚红（phenol red）、间甲酚紫（m-cresol purple）、百里酚蓝（thymol blue）等。其中，间甲酚紫适于开阔大洋各深度的 pH 测定，而百里酚蓝较适合于表层海水的测定（pH≥7.9）。测定与计算中涉及的许多参数都是温度的函数，因此需要在恒温度（±0.1℃）条件下进行显色和测定。

本实验采用间甲酚紫显色的方法测定海水 pH（T）。

四、主要实验仪器和试剂

1. 仪器装置

玻璃电极、甘汞电极（或复合电极，但不如独立的玻璃电极和甘汞电极更稳定和精确），精密 pH 计（电位精度为 ±0.1 mV 或 pH 精度为 ±0.002），恒温水浴（±0.1℃）、温度计（±0.05℃）。50～100 mL 细口具塞玻璃瓶若干。

分光光度计，带有恒温样品室，由恒温水浴供水循环；10 cm 光程具塞比色皿若干，可置于恒温样品室中；移液器（200 mL）。

2. 试剂

NaCl（烘箱中 110℃ 干燥或于蒸发皿中加热干燥）；

Na_2SO_4（烘箱中 110℃ 干燥）；

KCl（烘箱中 110℃ 干燥）；

0.1 mol/dm³ $MgCl_2$ 溶液，用 $AgNO_3$ 标定溶液标定；

0.1 mol/dm³ $CaCl_2$ 溶液（1 mol/dm³），$AgNO_3$ 标定溶液标定；

0.01 mol/dm³ HCl 溶液；

碳酸钠基准物质；

2-氨基-2-羟甲基-1, 3-丙二醇（Tris），置于干燥器中用五氧化二磷脱水干燥；

2-氨基吡啶（AMP），置于干燥器中用五氧化二磷脱水干燥；

饱和 KCl 溶液；

间甲酚紫溶液，浓度为 $2 \ mmol/dm^3$，pH 调节为 7.9 ± 0.1。

除基准物质外，试剂纯度均为分析纯或优级纯。

五、实验步骤

(一) 电位法测定海水 pH

1. 人工海水介质标准缓冲溶液的配制

(1) 配制以下溶液：

$0.010 \ 00 \ mol/dm^3$ NaCl 溶液：称取 $0.146 \ 1$ g NaCl 溶解定容至 $250.0 \ cm^3$。

$0.01 \ mol/dm^3$ $AgNO_3$ 溶液：称取 0.85 g AgCl 溶解于 $500 \ cm^3$ 水中，避光保存。

铬酸钾指示剂（$50 \ g/dm^3$）：称取 5 g K_2CrO_4 溶于 $100 \ cm^3$ 水中。

$AgNO_3$ 溶液的标定：取 $10.00 \ cm^3$ NaCl 溶液于锥形瓶中，加入 $3 \sim 5$ 滴铬酸钾指示剂，用 $AgNO_3$ 溶液滴定至由黄色变为浅砖红色，平行滴定 3 次，求得 $AgNO_3$ 溶液的浓度。

$0.1 \ mol/dm^3$ $MgCl_2$ 溶液：称取 20.3 g $MgCl_2$ 溶解于 $100 \ cm^3$ 水中，浓度为 $1 \ mol/dm^3$。取该溶液 $25 \ cm^3$，用水稀释至 $250 \ cm^3$。

$MgCl_2$ 溶液的标定：移取 $0.500 \ cm^3$ 稀释后的 $MgCl_2$ 溶液，以铬酸钾为指示剂用 $AgNO_3$ 溶液滴定。平行滴定 3 次，求得 $MgCl_2$ 溶液的浓度。

$0.1 \ mol/dm^3$ $CaCl_2$ 溶液：称取 11.1 g $CaCl_2$ 溶解于 $100 \ cm^3$ 水中，浓度为 $1 \ mol/dm^3$。取该溶液 $25 \ cm^3$，用水稀释至 $250 \ cm^3$。

$CaCl_2$ 溶液的标定：移取 $0.500 \ cm^3$ 稀释后的 $CaCl_2$ 溶液，用水稀释至约 $10 \ cm^3$。以铬酸钾为指示剂用 $AgNO_3$ 溶液滴定，平行滴定 3 次，求得 $CaCl_2$ 溶液的浓度。

$0.01 \ mol/dm^3$ HCl 溶液：量取 $8.3 \ cm^3$ 浓 HCl，用水稀释至 $1 \ 000 \ cm^3$。

称取 0.053 g Na_2CO_3 于锥形瓶中，准确称量并记录质量。加水溶解，以甲基橙溶液为指示剂，用上述 HCl 溶液滴定。平行滴定 3 次，求得 HCl 溶液的浓度。

(2) 上述溶解准备完成后，按表 6-1 用量配制盐度为 35 的人工海水介质中的标准缓冲溶液，可适用于盐度为 $33 \sim 37$ 的海水样品的测定，误差大约在 0.005 以内。

表 6-1 盐度为 35 的人工海水介质中的 Tris-HCl(或 AMP-HCl)标准缓冲溶液的配制

试剂	用量/mol	质量/g
NaCl	0.387 62	22.644 6
KCl	0.010 58	0.788 4
0.1 mol/dm³ MgCl₂	0.054 74	按标定浓度取用
0.1 mol/dm³ CaCl₂	0.010 75	按标定浓度取用
Na₂SO₄	0.029 27	4.156 3
0.01 mol/dm³ HCl	0.040 00	按标定浓度取用
Tris(或 AMP)	0.080 00	Tris 9.683 7(AMP 7.5231)
H₂O		至 1 000 g
溶液总质量		Tris 溶液 1 044.09(AMP 溶液 1 041.93)

若海水样品的盐度低于 35,则应配制与样品盐度 S 匹配的人工海水介质,盐度差应小于 3。人工海水的组成按下式计算:

$$m_S = m_{35} \times \frac{25.569\ 5S}{1\ 000 - 1.001\ 9S}$$

2. 电极响应检验

将玻璃电极置于饱和 KCl 溶液中浸泡 8 h 以上。恒温水浴温度设置为 25℃。用去离子水把电极洗净,用滤纸把电极上的水分吸干。pH 计设置为"mV"测定功能。

将 Tris-HCl 和 AMP-HCl 标准缓冲液分装于 50 cm³ 试剂瓶中,于 25℃ 恒温。先将电极置于 Tris-HCl 溶液中,待 pH 计示数稳定(漂移小于 0.5 mV/min)后,读取电位值。再测定 AMP-HC 溶液的电位值,根据二者的 pH 和电位值求算电极的响应斜率 s,与 25℃ 的理论斜率(Nernst 斜率)0.059 16 mV 比较。若差值不超过 0.3%,说明电极合格,可以进行 pH 测定实验;否则,对电极表面清洗后再次测定检验,差值仍超过 3% 时应更换电极,重新检验选用。

3. 海水 pH 的测定

海水样品分取时应避免与空气接触发生 CO₂ 交换。使用窄口玻璃瓶从采水器首先分样,分样管排除气泡后插入瓶底部注入少许水样,润洗 3 次。再将分样管插入瓶底部缓慢注样,避免产生涡流和气泡,装满并溢出瓶体积一倍后缓缓取出分样管,盖上瓶塞,不要截留气泡。海水 pH 易发生变化,分样后应尽快测定。若生物量较高,则应加适量饱和氯化汞抑制生物作用。每个水样要平行装取至少两个分样。

将装取海水的样品瓶置于恒温水浴中,装有 Tris-HCl 标准缓冲液的试剂瓶也置于恒温水浴中。至温度平衡后,将电极用水冲洗,用滤纸吸干,首先测定 Tris-HCl 标准缓冲液的电位值,再冲洗电极吸干后测定海水样品的电位值。计算海水的 pH。

(二) 分光光度法测定海水 pH

1. 样品的分取方法

样品的分取方法同(一),用比色皿直接取样为好,盖上塞子,不留气泡。

将已装取海水的样品瓶置于恒温槽中,恒温至 25℃。

2. 背景吸光度测定

清洗比色皿外部,将比色皿放入分光光度计恒温样品室中,于 434 nm(HIn$^-$ 最大吸收波长)、578 nm(In^{2-} 最大吸收波长)和 730 nm(非吸收波长,用于指示和校正基线漂移)3 个波长下测定吸光度。

3. 显色与吸光度测定

打开比色皿塞子,用移液器移取 0.05～0.10 cm^3 间甲酚紫溶液于比色皿中,摇动混合。将比色皿放入分光光度计恒温样品室中,于 434 nm、578 nm 和 730 nm 波长下测定吸光度。

六、结果计算

(一) 电位法测定海水 pH

1. 电极响应斜率

Tris-HCl 和 AMP-HCl 标准缓冲液的 pH 与温度和盐度有关,如下式表示:

$$pH_{Tris} = (11\ 911.08 - 18.249\ 9\ S - 0.039\ 336\ S^2)\ /T - 366.270\ 59 + 0.539\ 936\ S^2 + (64.522\ 43 - 0.084\ 041S)\ln T - 0.111\ 498\ 58T$$

$$pH_{AMP} = (111.35 + 5.448\ 75\ S)/T + 41.677\ 5 - 0.015\ 683\ S - 6.208\ 15\ln T - \lg(1 - 0.001\ 06\ S)$$

式中,T 为绝对温度,S 为盐度。电极响应斜率(单位为 mV)为:

$$s = \frac{E_{AMP} - E_{Tris}}{pH_{TRIS} - pH_{AMP}}$$

2. 海水 pH

海水样品的 pH $(T)_X$ 值按下式计算:

$$pH(T)_X = pH_{Tris} + \frac{(E_{Tris} - E_X)F}{RT\ln 10}$$

同一海水平行分样 pH 的测定结果应达到 0.003 的精度。

（二）分光光度法测定海水 pH

1. 吸光度背景和基线校正

将 3 个波长下测得显色后的吸光度减去未显色的背景吸光度，再减去730 nm 波长下吸光度的基线漂移量，得到 434 nm（λ_1）和 578 nm（λ_2）和波长下的吸光度校正值。

2. 显色后的 pH(T) 值

$$pH(T) = \lg K_{\mathrm{HIn}^-}(T) + \lg\left(\frac{[\mathrm{In}^{2-}]}{[\mathrm{HIn}^-]}\right)$$

$$\frac{[\mathrm{In}^{2-}]}{[\mathrm{HIn}^-]} = \frac{(A_2/A_1) - (\varepsilon_2^{\mathrm{HIn}}/\varepsilon_1^{\mathrm{HIn}})}{(\varepsilon_2^{\mathrm{In}}/\varepsilon_1^{\mathrm{HIn}}) - (A_2/A_1)(\varepsilon_1^{\mathrm{In}}/\varepsilon_1^{\mathrm{HIn}})}$$

令 $Q = A_2/A_1$，$e_1 = \varepsilon_2^{\mathrm{HIn}}/\varepsilon_1^{\mathrm{HIn}}$，$e_2 = \varepsilon_2^{\mathrm{In}}/\varepsilon_1^{\mathrm{HIn}}$，$e_3 = \varepsilon_1^{\mathrm{In}}/\varepsilon_1^{\mathrm{HIn}}$，可得到：

$$pH(T) = \lg K_{\mathrm{HIn}^-}(T) + \lg\left(\frac{Q - e_1}{e_2 - Q \cdot e_3}\right)$$

对于间甲酚紫，25℃时，$e_1 = 0.0069$，$e_2 = 2.2220$，$e_3 = 0.1331$。

$pK_{\mathrm{HIn}^-}(T) = 1245.69/T + 3.8275\ 0.0021(35 - S)$，适用范围为 293 K$\leqslant T \leqslant$303 K，30$\leqslant S \leqslant$37。

3. 加入显色剂对海水 pH 影响的校正

因显色剂 pH 已调整至与海水 pH 接近，加入显色剂对海水中酸碱平衡的影响可基本避免。若了解加入显色剂对海水 pH 测定结果的影响，可向不同 pH 值的海水样品中加入两次显色剂（加入量为 V），通过吸光度比值（A_2/A_1）的差异来进行校正。两次加入显色剂的吸光度比值差为 $\Delta(A_2/A_1)$，则它随吸光度比值（A_2/A_1）的变化拟合为：

$$\Delta(A_2/A_1)/V = a + b(A_2/A_1)$$

校正加入显色剂的吸光度比为：

$$Q = (A_2/A_1)_{\mathrm{Corr}} = (A_2/A_1) - V[a + b(A_2/A_1)]$$

（三）对电位法和分光光度法测得的海水 pH (T) 结果的一致性进行比较，并作讨论

七、注意事项

（1）电极用于海水样品 pH 测定之前，放在海水中浸泡 10 min 以上更容易达到稳定。

（2）打开海水样品瓶插入电极测定 pH 时，应尽量在短时间内完成测定，以减少空气中 CO_2 的影响。

（3）光度法测定海水 pH 时，显色剂的加入量要适当，使两个波长下测得的吸光度在 0.4~1.0 之间。

八、思考题

（1）为什么要采用总氢离子浓度标度测定海水 pH？

（2）AMP-HCl 标准缓冲液的作用是什么？Tris-HCl 和 AMP-HCl 标准缓冲液的使用是否属于对 pH 计进行双标定位？

（3）试给出用于海水盐度为 30 的 Tris-HCl 标准缓冲液的配方。

（4）试分析电位法和分光光度法测定海水 pH 的优缺点。

附录 6.1　精密 pH 计的操作方法

目前,在海洋上,一般用三位数 pH 计测定海水样品的 pH 值。以常用的三位数 pH 计为例,介绍该仪器的使用方法。

(一) 校正

(1) 按 f_1(cal)键进入校正模式。

(2) 把洁净的电极浸入中标后按 f_3(start)键,数值稳定后按 f_2(accept)键,再按 f_2(next)键;把电极洗净并吸干,浸入酸标,再按 f_3(start)键,数值稳定后再按 f_2(accept)键,再按 f_2(next)键;把电极洗干净并吸干,浸入碱标,再按 f_3(start)键,数值稳定后再按 f_2(accept)键,再按 f_3(cal done)键,记下斜率及三个缓冲液的温度、电位值。

(3) 按 f_1(means)键保存校正数据,仪器自动回到测量模式。

(二) 测定

(1) 事先把 AMP 和 tris 缓冲液及海水恒温到 25℃。

(2) 把 pH 电极洗干净并用吸水纸吸干,把电极浸入 AMP 缓冲液中,轻轻晃动电极顶端几下,记录 AMP 的电位值、温度和 pH。

(3) 把 pH 电极洗干净并用吸水纸吸干后,把电极浸入 tris 缓冲液中,轻轻晃动电极顶端几下,再测 tris 缓冲液的电位值、温度和 pH 并记录。

(4) 把 pH 电极洗干净并用吸水纸吸干后,把电极浸入待测海水中,按顺序测定海水的电位值、温度、pH 值,并记录,每次都要轻轻晃动电极顶端几下。

(5) 测定完成后用去离子水把电极彻底洗干净并用吸水纸吸干,浸在电极储存液里。

实验七　电位滴定法测定海水总碱度及碳酸盐体系参数研究

一、概述

海水总碱度(Total Alkalinity，TA)是反映海水酸碱性质的指标，是碳酸盐体系研究的基本参数。它是指单位体积或质量海水中，所有弱酸根阴离子全部转换为不解离的酸(pK≥4.5)所需要的氢离子的量。因此表示为：

$$TA=[HCO_3^-]+2[CO_3^{2-}]+[B(OH)_4^-]-[H^+]+[OH^-]+2[PO_4^{3-}]+[HPO_4^{2-}]-[H_3PO_4^0]-\cdots+[SiO(OH)_3^-]+[NH_3]+[HS^-]+\cdots$$

其中，OH^-、磷酸盐、硅酸盐和其他碱的微小贡献可忽略。氨和硫化物在正常海水中可忽略，但在缺氧海水中会比较重要。通常情况下，海水总碱度的表示式可简化为：

$$TA=[HCO_3^-]+2[CO_3^{2-}]+[B(OH)_4^-]$$

海水总碱度的测定方法有电位滴定法、返滴定法，或使用 pH 单点法。电位滴定法具有较高的准确度和精密度，是碳酸盐体系研究所采纳的测定方法。电位滴定法可采用密闭容器和开放容器滴定两种方式。其中，密闭容器滴定可获得两个滴定终点，除可测定总碱度外，还可估计海水中的总溶解无机碳(DIC)。

二、实验目的

(1) 掌握电位滴定法测定海水总碱度的方法，对密闭容器滴定和开放容器滴定进行比较；

(2) 通过测定海水总碱度，与其他参数结合，用于海水碳酸盐体系研究。

三、实验原理

根据总碱度的简化式，当用酸滴定海水时发生的主要反应是：

$$B(OH)_4^-+H^+ \Longrightarrow B(OH)_3+H_2O \tag{7-1}$$

$$CO_3^{2-}+H^+ \Longrightarrow HCO_3^- \tag{7-2}$$

$$HCO_3^-+H^+ \Longrightarrow H_2O+CO_2 \tag{7-3}$$

在密闭容器用 HCl 滴定时，碳酸盐的总量即 DIC 不变，其滴定曲线即玻璃电极响应的电位随加酸体积的变化如图 7-1 中的曲线 AB 所示。滴定过程中出现 2 个等当点，即图中 V_1、V_2 分别为曲线 AB 两个电位突跃点时的加酸体积。当加酸体积 $V_{HCl}<V_1$ 时，主要进行(7-1)式和(7-2)式的反应；当加酸体积满足 $V_1<V_{HCl}<V_2$ 时，主要进行(7-3)式的反应；当加酸体积满足 $V_{HCl}>V_2$ 时，水体中的弱酸阴离子已经完全被中和,因此,所加酸认为主要以自由氢离子的形式存在。

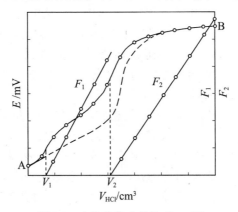

图 7-1　电位滴定曲线和 Gran 图

因此,海水的总碱度按式(7-4)计算:

$$TA = \frac{c_{HCl} V_2}{V_0} (\text{mmol/dm}^3) \tag{7-4}$$

海水 DIC 为游离二氧化碳 $CO_2(T)$(即 $CO_2(aq) + H_2CO_3$)、HCO_3^- 和 CO_3^{2-} 和的浓度总和,由于正常海水 pH 条件下 $CO_2(T)$ 一般不到 DIC 的 1%,可将 DIC 近似为 $DIC = [HCO_3^-] + [CO_3^{2-}]$。通过上述滴定实验,DIC 可估算为:

$$DIC \approx \frac{c_{HCl}(V_2 - V_1)}{V_0} (\text{mmol/dm}^3) \tag{7-5}$$

式中,V_1 为第一等当点加酸的体积,V_2 为第二等当点加酸的体积,c_{HCl} 为盐酸的浓度。

从滴定曲线上按照电位值的突跃直接无法准确确定 V_1 和 V_2,本实验采用 Gran 作图法确定滴定终点。Gran 作图法是定义与加酸体积 V_{HCl} 呈线性关系的函数 F_1 和 F_2(见附录 7.1):

$$F_2 = (V_0 + V_{HCl}) 10^{\frac{E - E_k}{S}} \propto (V_{HCl} - V_2) \tag{7-6}$$

$$F_1 = (V_2 - V_{HCl}) 10^{\frac{E - E_k}{S}} \propto (V_{HCl} - V_1) \tag{7-7}$$

式中,E 是玻璃电极和甘汞电极对测得的电位(mV),E_k 取任意定值,S 为电极的响应斜率,与温度有关:

$$S = \frac{RT}{F} \ln 10 \tag{7-8}$$

$$T(K) = 273.15 + t(℃) \tag{7-9}$$

将各滴定点的 F_1,F_2 对 V_{HCl} 作图,将得到两条直线(见图 7-1),由两条直线在 V_{HCl} 轴上的截距可以求得准确的滴定终点 V_1 和 V_2。

该滴定实验也是碳酸盐体系解离常数等参数研究的基本方法。

在开放容器中向海水中加盐酸进行电位滴定，CO_2 在滴定过程中逸出，DIC 逐渐减少，海水二氧化碳分压接近恒定，仅出现一个滴定终点 V_2，如图 7-1 中点线所示。此时仅计算 F_2，外推至 0 求得 V_2，计算海水总碱度。此时因无 V_1，不能对 DIC 进行估算。因此，实际操作中可预加盐酸至 pH 略大于 3.5，搅拌驱除 CO_2 至接近平衡，再逐渐加酸测定电位值与滴定体积，求算 F_2。有依据该原理设计的海水总碱度滴定计（AS-Alk1＋；Apollo，USA）。

进行总碱度电位滴定的仪器可以是精密滴定管－电位差计（或数字电压表）组合，也可使用商品化电位滴定仪或海水总碱度滴定仪。本实验选择密闭容器进行海水总碱度电位滴定，采用数字滴定管－或数字电压表组合进行实验，在测定海水 TA 的同时估算 DIC，并对碳酸盐体系有关参数进行求算。本实验也给出了使用开放容器滴定的方法，在海水样品 TA 测定中应用更加广泛，实验仪器采用电位滴定仪，详见附录 7.3。

四、实验仪器和试剂

1. 仪器

（1）数字电压表，1 台；

（2）搅拌器（1KF—WERKE），1 台；

（3）玻璃电极，1 支；

（4）217 型甘汞电极 217 型 1 支；

（5）密闭滴定池（见图 7-2，或类似设计），1 个；

（6）数字滴定仪，1 台；

（7）100 cm^3 烧杯（用作开放滴定池），若干；

（8）电位滴定仪，1 台。

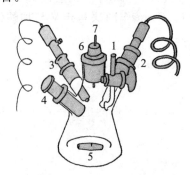

1—平衡侧管（带活栓）；2—玻璃电极塞；

3—甘汞电极塞（带盐桥）；4—唧筒活栓；

5—磁搅拌子；6—盖塞；7—毛细管

图 7-2　电位滴定池示意图

2. 试剂

（1）盐酸溶液（浓度约为 0.2 mol/ dm³）：取 16.8 cm³ 浓盐酸于 1 000 cm³ 容量瓶中，加水至 1 000 cm³，摇匀，即为盐酸标准溶液。

（2）碳酸钠标准溶液 0.005 00 mol/dm³：准确称取 0.530 g Na₂CO₃（在 285 ±10℃下烘 2 h，置于干燥器中冷却至室温），于 100 cm³ 烧杯中，用少量水溶解，转移于 1 000 cm³ 容量瓶中稀释到刻度。

（3）pH 标准缓冲溶液：中标。

五、实验步骤

（1）盐酸的标定：

用电位滴定法标定盐酸浓度：移取 15.00 cm³ 标准碳酸钠溶液于 50 cm³ 干燥的烧杯中，加一只搅拌子，置于搅拌器上；放入电极，加入 13 cm³ 盐酸溶液，打开搅拌器，测定 pH 值，以后每加一次盐酸溶液（约每次 0.5 cm³），测定一个 pH 值，直到 pH 小于 3 为止（平行测定 2 份），用二阶微商方法准确求出盐酸的滴定体积（V_{HCl}）。将加入盐酸的体积和 pH 值填入表 7-1。

表 7-1　电位滴定法标定盐酸数据记录表

$V_{盐酸}$（cm³）	pH	ΔpH	ΔpH /ΔV	Δ²pH /ΔV	Δ²pH /ΔV²

（2）滴定池体积的测定：

将滴定池在盐酸（10％）酸缸中浸泡 24 h 以上，用蒸馏水将里外冲洗干净，放入烘箱中烘干，冷却后，取出称重，记为 m_1，填入表 7-2 中。装满蒸馏水，再次称量加入蒸馏水之后的重量，记为 m_2，填入表 7-2 中。测定蒸馏水的水温。从表 7-4 中查出蒸馏水的密度，然后计算滴定池的体积，记为 V_0。平行测 2 次，取平均值。

表 7-2　测定滴定池体积数据记录表

编号	空瓶质量 m_1(g)	瓶＋水质量 m_2(g)	水重 m_2-m_1(g)	瓶体积 V_0(cm³)
1				
2				

（3）向滴定池中装入新鲜未过滤海水,测定水温 t_1,甘汞电极的盐桥中加入待测海水。将电极插入正确的位置,接好线路。

本实验所用的工作电极为玻璃电极（见附录 7.4）,参比电极为甘汞电极（见附录 1.2）。

（4）开搅拌器,测定原始海水的电位值后,滴加盐酸,每次 0.20 cm³,即累计滴加体积为:0 cm³,0.20 cm³,0.40 cm³,0.60 cm³,…,一直加完 5.00 cm³,每次加完后测定电位值,将实验数据填入表 7-3 中。

（5）拔出电极,测定海水水温 t_2。计算中用到的温度为 t_1 和 t_2 的平均值 t。

（6）测定中性缓冲溶液的电位值 E_s。

（7）将电极清洗干净,用干净滤纸吸干水分后,放入电极盒中。玻璃电极洗净后泡在稀盐酸中。用蒸馏水清洗干净滴定池和各配件,实验结束。

六、结果计算

1. 盐酸浓度的计算

按照表 7-1 中的数据和下列公式计算所用盐酸的准确体积和盐酸溶液的准确浓度。

$$c_{HCl}=\frac{2c_{Na_2CO_3}\times V_{Na_2CO_3}}{V_{HCl}}$$

$$V_{HCl}=V_0+\frac{\left|\dfrac{\Delta^2 pH}{\Delta V_1^2}\right|}{\left|\dfrac{\Delta^2 pH}{\Delta V_1^2}\right|+\left|\dfrac{\Delta^2 pH}{\Delta V_2^2}\right|}\times \Delta V$$

2. 滴定池体积的计算

按公式（7-10）计算滴定池的体积 V_0:

$$V_0=\frac{m_2-m_1}{\rho} \tag{7-10}$$

3. 作电位滴定曲线图

根据表 7-3,以 E(mV) 为纵坐标,V_{HCl} 为横坐标,作电位滴定曲线图（E(mV) ～V_{HCl}(cm³)）,如图 7-1 所示。

表 7-3　测定记录表

序号	1	2	3	4	5	6	…
$V_{HCl}(cm^3)$	0	0.1	0.2	0.4	0.6		…
$E(mV)$							…

4. 总碱度和总溶解无机碳的计算

先从图 7-1 中曲线变化趋势,大体估计突跃点 V_1 和 V_2 的位置。选取适当的 E_k 值,由突跃点 V_2 以后的 V_{HCl} 和 E 值代入式(7-6),求出 F_2,再由 V_{HCl} 和 F_2 作图(见图 7-1)外推到 $F_2=0$,即得 V_2,然后代入式(7-4)求出总碱度。

由 V_1 和 V_2 之间的 V_{HCl} 和 E 值以及已求出的 V_2 值代入式(7-7),选取适当的 E_k 值,求出 F_1,再按上述方法作图外推出 V_1,然后代入式(7-5),估算 DIC。

5. 滴定池电位的平均值 E_o

在 $V_{HCl}>V_2$ 时,

$$[H^+]=\frac{V_{HCl}-V_2}{V_0+V_{HCl}}\times c_{HCl} \tag{7-10}$$

又

$$E=E_o+Slg[H^+] \tag{7-11}$$

所以

$$E_o=E-Slg\frac{V_{HCl}-V_2}{V_0+V_{HCl}}\times c_{HCl} \tag{7-12}$$

将 V_2 以后线性部分的 E 和 V_{HCl} 值分别代入(7-12),计算 E_o,取其平均值。

6. 水样的氢离子浓度 $[H^+]$

由式(7-11)可得:

$$[H^+]=10^{\frac{E'-E_0}{S}} \tag{7-13}$$

式中,E' 是 $V_{HCl}=0$ 时的电位值。

7. 水样氢离子活度系数 f_{H^+}

$$f_{H^+}=a_{H^+}/[H^+] \tag{7-14}$$

$$a_{H^+}=10^{-pH} \tag{7-15}$$

水样的 pH 值可由测得的标准缓冲液的电位 Es 计算:

$$pH=pHs-\frac{E'-Es}{S} \tag{7-16}$$

式中,pHs 为标准缓冲溶液的 pH。

将式(7-15)、(7-16)代入式(7-14)即可求得 f_{H^+}。

8. 碳酸表观解离常数

因为在 V_1 与 V_2 之间,主要进行式(7-3)的反应,在任一个 V_{HCl} 点上满足:

$$K'_1 = \frac{[H^+][HCO_3^-]}{[H_2CO_3]} \tag{7-17}$$

式(7-17)中

$$[H_2CO_3] = \frac{(V_{HCl} - V_1)c_{HCl}}{V_0 + V_{HCl}} \tag{7-18}$$

$$[HCO_3^-] = \frac{(V_2 - V_{HCl})c_{HCl}}{V_0 + V_{HCl}} \tag{7-19}$$

将式(7-16)和(7-17)代入式(7-15),得第一表观解离常数:

$$K'_1 = \frac{[H^+](V_2 - V_{HCl})}{V_{HCl} - V_1} \tag{7-20}$$

在 $V_1 - V_2$ 之间取函数 F_1 是线性关系的 V_{HCl} 分别代入式(7-20)求得 K'_1,取平均值。

如果忽略硼酸的影响(或测定溶液中不含硼酸),可以近似为 $\dfrac{[CO_3^{2-}]}{[HCO_3^-]} = \dfrac{V_1}{V_2}$,则

$$K'_2 = [H^+]\frac{V_1}{V_2} \tag{7-21}$$

七、注意事项

(1) 取样方法:类似于溶解氧,取样管插入滴定池底部,慢慢注入海水,注意不要混进气泡,不要有涡流,装满整个滴定池。

(2) 滴定池制作复杂,配件较多,取放清洗要小心。

(3) 滴定池用前要用待测海水润洗 2 遍。

(4) 各配件放入滴定池以后,要保证滴定池密封,保持海水体积不变,同时防止 CO_2 溶入。

附录 7.1 关于总碱度和碳酸盐总量电位滴定的 Gran 函数

1. 在 $V_{HCl} > V_2$ 时,溶液中氢离子的浓度等于 V_2 以后过量 HCl 的浓度,即

$$[H^+](V_0 + V_{HCl}) = c_{HCl}(V_{HCl} - V_2)$$

或写成

$$[H^+] = \frac{c_{HCl}(V_{HCl} - V_2)}{V_{HCl} + V_0} \tag{7-22}$$

玻璃电极的电极电位

$$E = E^0 + S \lg a_{H+}$$
$$= E^0 + S \lg f_{H+} \cdot [H^+]$$
$$= E^0 + S \lg [H^+]$$

或改写成:

$$[H^+] = 10^{\frac{E - E^0}{S}} \tag{7-23}$$

联立式(7-22)和(7-23)得:

$$10^{\frac{E - E^0}{S}} = \frac{c_{HCl}(V_{HCl} - V_2)}{V_{HCl} + V_0} \tag{7-24}$$

移项得

$$(V_0 + V_{HCl})10^{\frac{E - E^0}{S}} = c_{HCl}(V_{HCl} - V_2) \tag{7-25}$$

取任意常数 E_k,则

$$(V_0 + V_{HCl})10^{\frac{E - E^0}{S}} \propto c_{HCl}(V_{HCl} - V_2) \tag{7-26}$$

令

$$F_2 = (V_{HCl} + V_0)10^{\frac{E - E_k}{S}} \tag{7-27}$$

则

$$F_2 \propto (V_{HCl} - V_2) \tag{7-28}$$

F_2 与 V_{HCl} 是直线关系。以 F_2 对 V_{HCl} 作图,将直线外推至 $F_2 = 0$ 时,$V_{HCl} = V_2$。

2. 碳酸一级解离平衡常数表示为

$$K'_1 = \frac{[H^+][CO_3^{2-}]}{[H_2CO_3]} \tag{7-29}$$

在 $V_1 < V_{HCl} < V_2$ 时

$$[H_2CO_3] = \frac{(V_{HCl} - V_1)c_{HCl}}{V_{HCl} + V_0} \qquad (7\text{-}30)$$

$$[HCO_3^-] = \frac{(V_2 - V_{HCl})c_{HCl}}{V_{HCl} + V_0} \qquad (7\text{-}31)$$

将式(7-23)、(7-30)和(7-31)代入式(7-29),得:

$$K'_1 = \frac{10^{\frac{E-E^0}{S}}(V_2 - V_{HCl})}{V_{HCl} - V_1} \qquad (7\text{-}32)$$

整理后,得

$$(V_2 - V_{HCl})10^{\frac{E-E^0}{S}} = K'_1(V_{HCl} - V_1) \qquad (7\text{-}33)$$

若取任意常数 E_k,则

$$(V_2 - V_{HCl})10^{\frac{E-E^0}{S}} \propto K'_1(V_{HCl} - V_1) \qquad (7\text{-}34)$$

令

$$F_1 - (V_2 \quad V_{HCl})10^{\frac{E-E_k}{S}} \qquad (7\text{-}35)$$

$$F_1 \propto (V_{HCl} - V_1) \qquad (7\text{-}36)$$

同样,F_1 与 V_{HCl} 是直线关系。以 F_1 对 V_{HCl} 作图,将直线外推至 $F_1 = 0$ 时,$V_{HCl} = V_1$。

附录7.2　去离子水的密度

不同温度下去离子水的密度如表7-4所示。

表7-4　不同温度下去离子水的密度

温度(℃)	水的密度(g/cm³)	温度(℃)	水的密度(g/cm³)	温度(℃)	水的密度(g/cm³)
4.0	1.000 0	15.0	0.999 1	26.0	0.996 8
5.0	1.000 0	16.0	0.998 9	27.0	0.996 5
6.0	0.999 9	17.0	0.998 8	28.0	0.996 2
7.0	0.999 9	18.0	0.998 6	29.0	0.995 9
8.0	0.999 9	19.0	0.998 4	30.0	0.995 7
9.0	0.999 8	20.0	0.998 2	31.0	0.995 3
10.0	0.999 7	21.0	0.998 0	32.0	0.995 0
11.0	0.999 6	22.0	0.997 8	33.0	0.994 7
12.0	0.999 5	23.0	0.997 5	34.0	0.994 4
13.0	0.999 4	24.0	0.997 3	35.0	0.994 0
14.0	0.999 2	25.0	0.997 0	36.0	0.993 7

附录 7.3 自动电位仪测定海水总碱度

目前,自动电位滴定仪已成为常用的分析仪器。瑞士万通 916 型自动电位滴定仪(图 7-6~7-8)主要用于自动容量滴定,可以自动完成滴定、计算、存储、打印等功能。可以方便地用于海水总碱度、溶解氧和钙元素等的定量测定。应用于海水总碱度时,其原理和操作步骤如下。

一、仪器工作原理

自动电位滴定仪是根据电位法原理设计的用于容量分析常见的一种分析仪器。

电位法的原理是:选用适当的工作电极和参比电极与被测溶液组成一个工作电池,随着滴定剂的加入,由于发生化学反应,被测离子的浓度不断发生变化,因而指示电极的电位随之变化。在滴定终点附近,被测离子浓度发生突变,引起电极电位的突跃,因此,根据电极电位的突跃可确定滴定终点。

仪器分电位值测定和滴定系统两大部分,电位值测定采用电子放大控制线路,将工作电极与参比电极间的电位同预先设置的某一终点电位相比较,两信号的差值经放大后控制滴定系统的滴液速度。达到终点预设电位后,滴定自动停止。仪器为自动控制滴加量,自动监测并记录滴定终点。

二、目的要求

掌握自动电位滴定仪的工作原理和使用方法,得到可靠数据;比较两种方法所得数据的差异。

三、实验仪器及药品

1. 仪器

(1) 万通 916 型自动电位滴定仪及配套电极,1 套;

(2) 20 cm³ 小烧杯,若干;

(3) 10 cm³ 自动移液器, 1 支。

2. 试剂

(1) pH 缓冲溶液:酸性、中性和碱性 pH 标准缓冲溶液。

(2) HCl 标准溶液(0.006 mol/dm³):需要准确标定。

四、实验步骤

按照下面的方法或者按照附录 7.5 的操作规程测定样品。

1. 三标的定位

在主界面上点击"调入方法"—新方法—选择"Calibration pH"—载入模板—出现"020-121 方法修改"界面—选择"是"—参数编辑—编辑命令—选择"传感器"—选中"znpH";在"缓冲溶液"选项中,选"特殊的",出现缓冲溶液界面,输入 3 个缓冲溶液(中标、酸标和碱标)室温下的数值;后退,点"选择"—后退到"参数/程序段"界面—点"保存方法"—点"保存"。

准备好 3 种缓冲溶液,将电极清洗干净并且拭干,将电极的玻璃泡浸入溶液中,调好转速,点"▶"键开始,出现"输入校正温度",输入室温,点"继续",按照显示屏提示完成中标、酸标和碱标的校正。

2. 样品的测定

在主界面上点击"调入方法"—新方法—选择"Dynamic Titration U"—载入模板—出现"020-121 方法修改"界面—选择"是"—参数编辑—编辑命令—出现"程序段/编辑命令"界面—滴定参数—修改温度—OK—点"后退键"回到"程序段/编辑命令"界面—点"传感器"—选择"znpH"—点"后退键"回到"参数/程序段"界面—点"保存方法"—点"保存"。

取 15.00 cm³ 待测海水样品到洗净烘干的小烧杯中,电极和加试剂的毛细管清洗干净并且拭干,调好转速,点"▶"键开始测定,到出现 2 个滴定终点时,点"□"键暂停。等结果显示以后,记录 2 个滴定终点所耗盐酸的体积 V_1 和 V_2。平行测定 2 份,2 份体积差值不大于 0.1 cm³。

3. 清洗电极和毛细管

将电极放入电极帽中,毛细管放入专用架中。

4. 清洗并烘干烧杯

清洗烧杯,放入烘箱中烘干。

五、结果计算

用 2 个滴定体积 V_1 和 V_2,根据公式(7-4)和(7-5),计算待测水样的总碱度和碳酸盐总量。

六、思考题

(1) 比较两种方法所测数值的差异并分析原因。

(2) 分析 2 种方法产生误差的原因和消除方法。

七、注意事项

(1) 仪器面板为触摸式,只需轻触显示屏,切勿用力按压,以防损坏。

(2) 测定用的 15 cm³ 烧杯,要清洗干净并烘干,否则会影响下一组使用。

附录 7.4 玻璃电极

　　玻璃电极属于离子选择电极（膜电极）的一种，其敏感元件是非晶体膜，即玻璃膜。玻璃膜的组成不同可制成对不同阳离子响应的玻璃电极。

　　对 H^+ 响应的玻璃膜电极的敏感膜是 SiO_2 基质中加入 Na_2O、Li_2O 和 CaO 等金属氧化物烧结而成的特殊玻璃膜。厚度约为 0.05 mm，比较脆弱，取用需小心，其结构如图 7-3 所示。

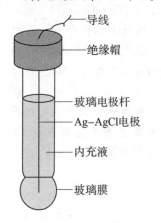

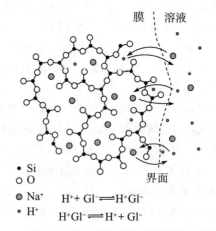

　　图 7-3　玻璃电极结构图　　　图 7-4　玻璃电极使用过程中敏感膜上发生的反应

　　玻璃电极使用前，必须在水溶液中浸泡，生成三层结构，即中间的干玻璃层和两边的水化硅胶层，如图 7-4 所示。水化硅胶层的厚度为 0.01～10 μm，在此层中，玻璃上的 Na^+ 与溶液中的 H^+ 发生离子交换而产生相界电位，如图 7-5 所示。

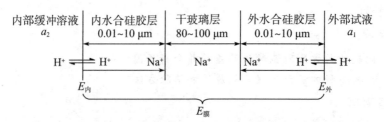

　　图 7-5　水化硅胶层产生的相界电位

　　水化层表面可视作阳离子交换剂。溶液中 H^+ 经水化层扩散至干玻璃层，干玻璃层的阳离子向外扩散以补偿溶出的离子，离子的相对移动产生扩散电位，两者之和构成膜电位。

玻璃电极放入待测溶液,25℃平衡后,

$$H^+_{溶液} = H^+_{硅胶}$$

$$E_内 = k_1 + 0.059 \lg(a_2/a_2{}')$$

$$E_外 = k_2 + 0.059 \lg(a_1/a_1{}')$$

式中,a_1、a_2 分别表示外部试液和电极内参比溶液的 H^+ 活度。

$a_1{}'$、$a_2{}'$ 分别表示玻璃膜外、内水合硅胶层表面的 H^+ 活度。

k_1、k_2 则是由玻璃膜外、内表面性质决定的常数。

玻璃膜内、外表面的性质基本相同,则 $k_1 = k_2$,$a_1{}' = a_2{}'$

$$E_膜 = E_外 - E_内 = 0.059 \lg(a_1/a_2)$$

由于内参比溶液中的 H^+ 活度(a_2)是固定的,则:

$$E_膜 = K' + 0.059 \lg a_1 = K' - 0.059 pH_{试液}$$

需要说明的是:

1）玻璃膜电位与试样溶液中的 pH 呈线性关系,式中 K' 是由玻璃膜电极本身性质决定的参数;

2）电极电位应是内参比电极电位和玻璃膜电位之和;

3）不对称电位(25℃):

　　a) $E_膜 = E_外 - E_内 = 0.059 \lg(a_1/a_2)$

如果 $a_1 = a_2$,则理论上 $E_膜 = 0$,但实际上 $E_膜 \neq 0$。产生的原因为:玻璃膜内、外表面含钠量、表面张力以及张力以及机械和化学损伤的细微差异所引起的,长时间(24 h)浸泡后恒定(1~30 mV。)

4）高选择性:膜电位的产生不是电子的得失。其他离子不能进入晶格产生交换。当溶液中 Na^+ 浓度比 H^+ 浓度高 10^{15} 倍时,两者才产生相同的电位;

5）酸差:测定溶液酸度太大(pH<1)时,电位值偏离线性关系,产生误差;

6）"碱差"或"钠差":pH>12 产生误差,主要是 Na^+ 参与相界面上的交换所致;

7）改变玻璃膜的组成,可制成对其他阳离子响应的玻璃膜电极;

8）优点:不受溶液中氧化剂、还原剂、颜色和沉淀的影响,不易中毒;

9）缺点:电极内阻很高,电阻随温度的变化而变化。

附录 7.5　万通 916 型自动电位滴定仪使用说明

由于自动测定技术的不断发展,自动电位滴定成为发展趋势。对于海水总碱度的测定和其他中和滴定反应,自动电位滴定仪目前已被广泛使用。其中,常见的仪器为瑞士万通(Metrohm)的 848 和 916 型两种型号。现对实验中用到的 916 型自动电位滴定仪(其外观如图 7-6 所示,结构如图 7-7 和图 7-8 所示)进行介绍。

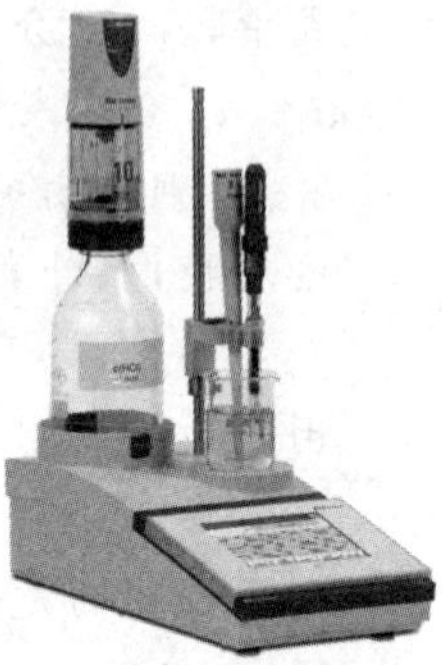

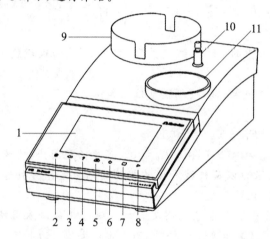

图 7-6　916 型自动电位滴定仪外观

1—显示屏;触摸感应屏幕

2—固定键[主页](Home),打开主对话框

3—固定键[返回](Back),储存输入内容,并打开上级对话页

4—固定键[帮助][Help]:打开所显示的对话框的在线帮助

5—固定键[打印][Print]:打开打印对话框

6—固定键[手动](Manual):打开手动控制

7—固定键[停止](STOP):可中断正在进行的测定

8—固定键[开始](START):可开始一次测定

9—瓶架:带固定夹,用于试剂瓶

10—支杆架(下部):用于安装支杆架(上部)

11—滴定台:用于置放滴定管

图 7-7　916 电位滴定仪正面图

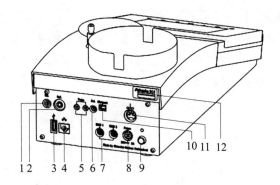

1—电极接口(Ind.)：用于连接带内置或独立参比电极的 pH、金属或离子选择电极。F 插口。

2—电极接口(Ref.)：用于连接参比电极，例如 Ag/AgCl 参与电极。

3—USB 接口(A 型)：用于连接打印机、U 盘、USB 集线器、USB 样品处理器等。

4—以太网接口(RJ-45)：用于连接到网络上。

5—温度传感器接口(Temp.)：用于连接温度传感器(Pt1 000 或 NTC)。

6—电极接口(Pol.)：用于连接极化电极，例如铂丝电极。

7—MSB 接口(MSB1 和 MSB2)：万通串行总线接口。用于连接外接配液器、搅拌器或遥控盒。

8—电源接口(Power)：用于连接外接电源。

9—主机电源开关：接通和关断仪器。

10—iConnect 接口(iConnect)：用于连接带内置数据芯片的电极(iTrode)。

11—搅拌器接口：用于连接螺旋搅拌器(802 Stirrer)。

12—铭牌：含有序列号。

图 7-8　916 电位滴定仪反面图

仪器简明操作规程：

① 开机

按下位于 916Ti-Touch 后背面左侧的主机电源开关。若安装了计量管单元，则会出现执行准备功能的要求：

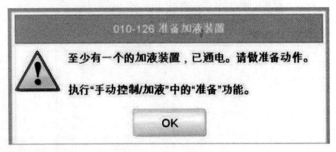

通过[OK]确认信息。

② 准备滴定。

通过准备功能，可对计量管和计量管单元的管路进行清洗，并在计量管中排出气泡、充满试剂。应在第一次测量前或每天一次执行该功能。

点击固定按键[⟳]（手动控制）。

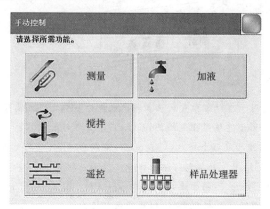

准备加液，将滴定头放入废液杯中。

点击[准备]，将显示下列信息：

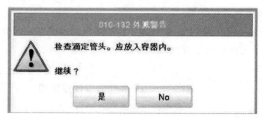

点击[是]，将执行准备过程。

检查加液管末端的防扩散头是否完整。

③ 调入方法。

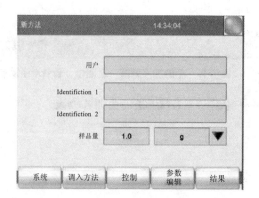

回到主界面,点击[调入方法]对话框。

选择含有所需方法的数据组。

点击[显示文件],将打开保存有方法的方法列表。

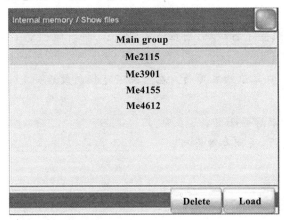

选择所需的方法。点击[载入]。

④ 输入样品信息。

输入用户名、样品标识、样品量。

⑤ 进行滴定。

点击固定按键[▷],测定开始。开始滴定后,将显示曲线和当前的值(测量值、体积、温度)

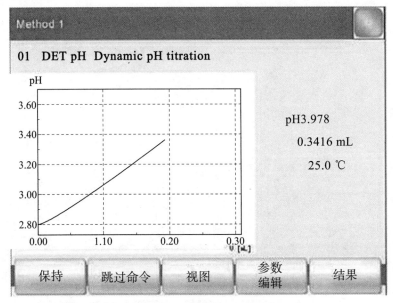

通过固定按键[◁],可在测定运行的过程中切换到主页面。由此便可以在测定的过程中修改单项参数。但是只能修改不会对正在进行的测定产出决定性影响的参数。通过主对话框中的按键[实时显示],可再次切换到测定时的"实时"显示上。

如果连接并配置了打印机,则在滴定完成后,将打印已定义的报告。

⑥ 显示结果。

滴定完成后,将显示结果页面。在结果下可找到最后一次测定的结果。记录或打印测定结果。

⑦ 继续进行以后的测定。

⑧ 测定完成后,关闭电源即可。

实验八　海水碳酸盐体系综合实验

一、概述

海水中的溶解无机碳以多种形式存在,分别为 $CO_2(T)(CO_2(aq)+H_2CO_3)$、$HCO_3^-$ 和 CO_3^{2-} 互相间存在解离平衡,可用 8 个方程式表示:

$$DIC = c_{HCO_3^-} + c_{CO_3^{2-}} + c_{CO_2(T)}$$

$$TA = c_{HCO_3^-} + 2c_{CO_3^{2-}} + c_{H_2BO_3^-}$$

$$CA = c_{HCO_3^-} + 2c_{CO_3^{2-}}$$

$$CA = TA - BA$$

$$c_{CO_2(T)} = \alpha_s \cdot p_{CO_2}$$

$$BA = \frac{K_B' \cdot \sum B}{a_{H^+} + K_B'}$$

$$K_1' = \frac{a_{H^+} \cdot c_{HCO_3^-}}{c_{CO_2(T)}}$$

$$K_2' = \frac{a_{H^+} \cdot c_{CO_3^{2-}}}{c_{HCO_3^-}}$$

可直接测定的是碳酸盐体系的 4 个基本参数,即 pH、TA、DIC 和 p_{CO_2}。一般情况下测得其中 2 个参数,可根据平衡关系求得其他参数和碳酸盐体系的各分量。

二、实验目的

(1) 设计实验,通过碳酸盐体系参数的测定,对给定海水样品碳酸盐体系的各分量给出浓度结果。

(2) 进一步认识海水碳酸盐体系的平衡关系及特征。

三、实验内容

(1) 根据实验六和实验七提供的碳酸盐体系参数测定方法,或查阅文献测定其他参数,对给定表层海水样品进行测定,给出海水中 $CO_2(T)(CO_2(aq)+H_2CO_3)$、$HCO_3^-$ 和 CO_3^{2-} 的浓度。

(2) 根据以上结果,探讨该表层水样是大气二氧化碳的源还是汇。

四、实验设计及操作要求

(1) 根据教材提供的方法设计实验原理和操作步骤,列出需测定的要素,主要利用实验室中现有的仪器设备完成实验。

(2) 实验结果要符合碳酸盐体系表征所需的精度。

(3) 完成实验报告。

也可通过碳酸盐体系计算软件完成该项工作,如 CO2SYS. exe,或通过下列网站进行计算:https://coastal.er.usgs.gov/co2calc/CO2calcNet.html

建议在实验教学中,将实验六、七、八进行综合,即以实验八为目标,由实验六、七提供的方法,综合设计,完成实验,得到结果。

实验九　海水碳酸钙饱和度

一、概述

　　碳酸钙是碳酸盐体系中的固体存在形式,在水体和生物体之间进行着持续的物质交换过程。有关调查表明,大洋表层海水 $CaCO_3$ 是处于过饱和状态的,随着深度的增加,温度降低,压力增大,$CaCO_3$ 溶解度增大,促使颗粒 $CaCO_3$ 溶解,从而造成深层海水中 $CaCO_3$ 不饱和。由于 $CaCO_3$ 的沉淀和溶解会改变水体中 Ca^{2+} 和 CO_3^{2-} 的浓度,因此会影响生物作用和碳酸盐体系其他存在形式的浓度,进而影响到海水的 pH 值。因此,了解 $CaCO_3$ 在海水中的沉淀溶解作用,对于研究碳酸盐系统和全球碳循环都具有重要意义。

　　本实验针对海水中过饱和的 $CaCO_3$,让其达到沉淀溶解平衡,从而观察 $CaCO_3$ 对海水 pH 的影响,并通过 pH 的变化计算 $CaCO_3$ 的饱和度。

二、目的要求

　　掌握海水中碳酸钙饱和度的概念;了解碳酸钙饱和度的测定和计算方法。

三、实验原理

　　海水中碳酸钙常常处于不饱和或过饱和状态,当向海水中加入固体 $CaCO_3$ 时能发生溶解或沉淀反应:

$$CaCO_3(s) = Ca^{2+} + CO_3^{2-} \tag{9-1}$$

　　海水中 CO_3^{2-} 浓度的增加或减少,能引起海水中氢离子浓度的变化,因此可根据加入 $CaCO_3$ 固体前后海水 pH 值的变化来了解海水中 $CaCO_3$ 的饱和情况,其原理如下:

　　根据总碱度 Alk 及碳酸碱度 CA 的定义:

$$TA = [H_2BO_3^-] + [HCO_3^-] + 2[CO_3^{2-}] \tag{9-2}$$

$$CA = [HCO_3^-] + 2[CO_3^{2-}] \tag{9-3}$$

　　CA 与碳酸盐总量 DIC 的关系为

$$CA = DIC \frac{1 + (2K_2'/a_H)}{1 + (K_2'/a_H) + (a_H/K_1')} \tag{9-4}$$

式中,K_1' 为 H_2CO_3 的一级表观解离常数;

　　K_2' 为 H_2CO_3 的二级表观解离常数。

　　$[H_2BO_3^-]$ 与总硼 $\sum B$ 的关系为

$$[\mathrm{H_2BO_3^-}] = \sum \mathrm{B} \cdot \frac{K_\mathrm{B}'}{K_\mathrm{B}' + a_\mathrm{H}} \tag{9-5}$$

式中，K_B' 为 $\mathrm{H_3BO_3}$ 的表观解离常数。

如果海水中 $\mathrm{CaCO_3}$ 处于不饱和或过饱和状态，当向海水加入 $\mathrm{CaCO_3}$ 固体后，$\mathrm{CaCO_3}$ 要趋向于沉淀－溶解平衡，设有 x mol 的 $\mathrm{CaCO_3}$ 溶解或沉淀，这时 Alk 产生的变化为：

$$\mathrm{TA} + 2x = [\mathrm{H_2BO_3^-}]_\mathrm{s} + \mathrm{CA_s} \tag{9-6}$$

沉淀时 x 为负值，下标 s 表示海水中 $\mathrm{CaCO_3}$ 固体达到溶解－沉淀平衡状态，对于 $[\mathrm{H_2BO_3^-}]_\mathrm{s}$，即为

$$[\mathrm{H_2BO_3^-}]_\mathrm{s} = \sum \mathrm{B} \frac{K_\mathrm{B}'}{K_\mathrm{B}' + a_{\mathrm{H_s}}} \tag{9-7}$$

对于 $\mathrm{CA_s}$，则为

$$\mathrm{CA_s} = (\mathrm{DIC} + x)\frac{1 + (2K_2'/a_{\mathrm{H_s}})}{1 + (K_2'/a_{\mathrm{H_s}}) + (a_{\mathrm{H_s}}/K_1')} \tag{9-8}$$

加入固体 $\mathrm{CaCO_3}$ 粉末达到沉淀溶解平衡后，碳酸根离子浓度 $[\mathrm{CO_3^{2-}}]_\mathrm{s}$ 与总钙离子浓度 $[\mathrm{Ca^{2+}}]_\mathrm{s}$ 的乘积应为碳酸钙的表观溶度积常数 (K_sp')

$$[\mathrm{CO_3^{2-}}]_\mathrm{s} \times [\mathrm{Ca^{2+}}]_\mathrm{s} = K\mathrm{sp}' \tag{9-9}$$

而

$$[\mathrm{CO_3^{2-}}] = \mathrm{CA_s} \frac{K_2'}{a_{\mathrm{H_s}} + 2K_2'} \tag{9-10}$$

$$[\mathrm{Ca^{2+}}]_\mathrm{s} = [\mathrm{Ca^{2+}}] + x \tag{9-11}$$

因此，$\mathrm{CaCO_3}$ 饱和平衡前的总碱度可由式(9-2)，(9-4)，(9-5)表示为：

$$\mathrm{TA} = \sum \mathrm{B} \frac{K_\mathrm{B}'}{K_\mathrm{B}' + a_\mathrm{H}} + \mathrm{DIC} \frac{1 + (2K_2'/a_\mathrm{H})}{1 + (K_2'/a_\mathrm{H}) + (a_\mathrm{H}/K_1')} \tag{9-12}$$

$\mathrm{CaCO_3}$ 饱和平衡后的总碱度可由式(9-6)、(9-7)、(9-8)表示为：

$$\mathrm{TA} + 2x = \sum \mathrm{B} \frac{K_\mathrm{B}'}{K_\mathrm{B}' + a_{\mathrm{H_s}}} + (\mathrm{DIC} + x) \cdot \frac{1 + (2K_2'/a_{\mathrm{H_s}})}{1 + (K_2'/a_{\mathrm{H_s}}) + (a_{\mathrm{H_s}}/K_1')}$$

$$\tag{9-13}$$

而 $\mathrm{CaCO_3}$ 的表观溶度积常数可以从公式(9-8)，(9-9)，(9-10)及(9-11)得出：

$$K\mathrm{sp}' = ([\mathrm{Ca^{2+}}] + x) \cdot (\sum \mathrm{CO_2} + x) \cdot \frac{1 + (2K_2'/a_{\mathrm{H_s}})}{1 + (K_2'/a_{\mathrm{H_s}}) + (a_{\mathrm{H_s}}/K_1')} \cdot \frac{K_2'}{a_{\mathrm{H_s}} + 2K_2'}$$

$$\tag{9-14}$$

式(9-12)，(9-13)，(9-14)中 K_B'，K_1'，K_2' 可根据已知的氯度、温度查表得到，$\sum \mathrm{B}$ 和钙可由氯度比值求得，$a_\mathrm{H^+}$，$a_{\mathrm{H_s^+}}$ 通过测定 pH 求得，式(9-12)，(9-13)，

(9-14)联立为三元二次方程组,即可解出 x、$\sum CO_2$ 及 Alk。

碳酸钙的离子积(IP)为:

$$IP=[Ca^{2+}][CO_3^{2-}]=[Ca^{2+}]x DIC\times\frac{1+(2K'_2/a_{H^+})}{1+(K'_2/a_{H^+})+(a_{H^+}/K'_1)}\times\frac{K'_2}{a_{H^+}+2K'_2}$$

$$(9-15)$$

由此可以求出溶液中碳酸钙的饱和度 IP/K'_{sp}。

四、实验仪器和试剂

1. 实验仪器

(1) DELTA320pH 计,1 台;

(2) 1KF—WERKE 搅拌器,1 台;

(3) pH 复合电极,1 支;

(4) 50 cm³ 高型称量瓶测定池,1 只;

(5) 50 cm³ 玻璃烧杯,5 只;

(6) 洗瓶、搅拌子、镊子、药匙,若干;

(7) 25 cm³、10 cm³ 移液管,各 1 支。

2. 试剂

(1) 盐酸溶液(约 0.006 mol/dm³):取 8.4 cm³ 浓盐酸于 1 000 cm³ 容量瓶中,加水至 1 000 cm³,摇匀;另取上述溶液 61 cm³,于 1 000 cm³ 容量瓶中,加水至 1 000 cm³,摇匀,即为盐酸标准溶液。标定方法见实验六。

(2) pH 标准缓冲溶液:酸标、中标和碱标。

(3) 固体碳酸钙粉末。

五、实验步骤

1. 碳酸钙饱和度的测定

(1) 用中标和碱标对 pH 计进行校正。

(2) 用高型称量瓶(有带圆孔的密封橡胶塞)取几乎满的未过滤海水,将复合电极插入橡胶塞的圆孔,然后放到海水中,测海水 pH 值。

(3) 向海水中加入约 1 g 碳酸钙固体粉末,在电极插入的情况(体系保持密封状态)下,搅拌 30 min,待 pH 值读数稳定后,读取准确的 pH 值。将数据填入表 9.2 中。

(4) 取出电极,用蒸馏水清洗干净,放入电极帽中。倒掉海水,清洗高型称量瓶。关闭搅拌器和 pH 计电源,实验结束。

2. pH 法测定海水总碱度

用移液管移取 25.00 cm³ 海水样品到 50 cm³ 洗净干燥的玻璃小烧杯中,加入 10.00 cm³ HCl 溶液,放入搅拌子,搅拌均匀后,测 pH 值。平行测双样,结果之差不超过 0.02。

六、结果计算

1. U、M、P 的计算

用表 9-1 中的数据,计算 U、M、P(符号的意义见附录 9.1)的数值,各参数的计算方法见本实验附录。

水温 $T=$ _____℃,海水盐度 $S=$ _____氯度 Cl= _____

表 9-1 各实验参数记录表

参数	pH	a_{H^+}	U	M	P
加 CaCO₃ 前					
加 CaCO₃ 平衡后					

根据表 9-1 中的数值按附录(9-32),(9-33),(9-34)式计算出 IP/K'_{sp}、DIC 及 TA 值。计算过程 K'_B,K'_1 和 K'_2 由表 9.4,9.5 和 9.6 查得,或根据公式(9-16)(9-17) 和 (9-18) 计算,或通过网站 https://coastal.er.usgs.gov/co2calc/CO2calcNet.html 查得。

$$pK'_1 = -13.720\,1 + 0.031\,334T + 3\,235.76/T + 1.300 \times 10^{-5}S \cdot T - 0.103\,2S^{1/2} \tag{9-16}$$

$$pK'_2 = 5\,371.964\,5 + 1.671\,221T + 0.229\,13S + 18.380\,2\lg S - 128\,375.28/T$$
$$-2\,194.305\,5\lg T - 8.094\,4 \times 10^{-4}S \cdot T - 5\,617.11\lg S/T + 2.136S/T \tag{9-17}$$

$$\ln K'_B = (-8\,966.90 - 2\,890.53S^{0.5} - 77.942S + 1.728S^{1.5} - 0.099\,6S^2)/T +$$
$$(148.024\,8 + 137.194\,2S^{0.5} + 1.621\,42S) + (-24.434\,4 - 25.085S^{0.5} -$$
$$0.247\,4S)\ln T + (0.053\,105S^{0.5})T \tag{9-18}$$

式中,T 为绝对温度,S 为盐度。

K'_{sp} 按式(9-19)计算:

$$\lg K°_{sp(方)} = -171.906\,5 - 0.077\,993T + 2\,839.319/T + 71.595\lg T \tag{9-19a}$$

$$\lg K°_{sp(文)} = -171.945 - 0.077\,993T + 2\,903.293/T + 71.595\lg T \tag{9-19b}$$

$$\lg K°_{sp} = \lg K°_{sp} + (b_0 + b_1T + b_2/T)S^{0.5} + c_0S + d_0S^{1.5}\ (mol^2 \cdot kg^{-2}) \tag{9-19c}$$

式中系数如表 9-2:

表 9-2   方解石和文石的系数数值

	b_0	b_1	b_2	c_0	d_0
方解石	$-0.777\,12$	$0.002\,842\,6$	178.34	$-0.077\,11$	$0.004\,124\,9$
文 石	$-0.068\,393$	$0.001\,727\,6$	88.135	$-0.100\,18$	$0.005\,941\,5$

$\sum B$ 及 $[Ca^{2+}]$ 值，按海水氯度比值计算：

$$\sum B = \frac{0.232}{10.81} \times 10^{-3} \times d \times Cl\,(mol/dm^3) \tag{9-20}$$

$$[Ca^{2+}] = \frac{21.5}{40.08} \times 10^{-3} \times d \times Cl\,(mol/dm^3) \tag{9-21}$$

各式中，d 为海水密度，由表 9.7 查得的条件密度 σ_t 计算：

$$d = 1 + \sigma_t \times 10^{-3} \tag{9-22}$$

2. pH 法测定海水总碱度的计算

1）海水总碱度计算公式为：

$$TA = \frac{V_{HCl} \times c_{HCl}}{V_S} - \frac{(V_{HCl} + V_S)}{V_S} \times \frac{a_H}{f_H} \tag{9-23}$$

式中，f_H 为氢离子活度系数，由实验测得，当海水氯度值为 6～20 时，$f_H = 0.753$（pH 在 3～4 范围）。

2）根据所测 Alk 及水样 pH 值计算 DIC：

$$DIC = CA \frac{1 + K_2'/a_{H^+} + a_{H^+}/K_1'}{1 + 2K_2'/a_{H^+}} = CA \cdot \frac{1}{M} \tag{9-24}$$

其中，

$$CA = TA - [H_2BO_3^-] \tag{9-25}$$

3. 海水中碳酸钙饱和度的计算

不采用本实验的方法，而是根据实验六、七、八的结果，求算海水中碳酸钙的饱和度。计算方法请自行设计。

七、讨论

将两种方法所得 TA 及 DIC 按照表 9-3 进行比较，并分析结果差异的原因。

表 9-3   两种方法测的数值比较

方法	TA	DIC
$CaCO_3$ 饱和度法		
pH 法		
差值		

附录 9.1 CaCO₃ 饱和度结果计算的推导

根据式(9-12)~(9-14),令:

$$U = \frac{K_B{}'}{K_B{}' + a_H}$$

$$M = \frac{1 + (2K_2{}'/a_H)}{1 + (K_2{}'/a_H) + (a_H/K_1{}')}$$

$$P = \frac{K_2{}'}{a_H + 2K_2{}'}$$

加入 CaCO₃ 平衡后,

$$U_s = \frac{K_B{}'}{K_B{}' + a_{Hs}}$$

$$M_s = \frac{1 + (2K_2{}'/a_{Hs})}{1 + (K_2{}'/a_{Hs}) + (a_{Hs}/K_1{}')}$$

$$P_s = \frac{K_2{}'}{a_{Hs} + 2K_2{}'}$$

代入各公式中,式(9-12)~(9-14)分别表示为:

$$TA = \sum B \times U + DIC \times M \tag{9-26}$$

$$TA + 2x = \sum B \times U_s + (DIC + x) \times M_s \tag{9-27}$$

$$K'_{sp} = ([Ca^{2+}] + x)(DIC + x)M_s P_s \tag{9-28}$$

由式(9-26)和(9-27),消去 TA,解出 DIC:

$$DIC = \frac{x(2 - M_s) - \sum B(U_s - U)}{M_s - M} \tag{9-29}$$

将式(9-29)代入式(9-28)并化简,

$$([Ca^{2+}] + x)x(2 - M) - \sum B(U_s - U) = \frac{K'_{sp}}{M_s P_s}(M_s - M)$$

或者

$$x^2 + x\left\{[Ca^{2+}] - \frac{\sum B(U_s - U)}{2 - M}\right\} - \frac{K'_{sp}(M_s - M)}{M_s P_s(2 - M)} - \frac{\sum B[Ca^{2+}](U_s - U)}{2 - M} = 0 \tag{9-30}$$

$$X = -\frac{-Q + \sqrt{Q^2 + 4R}}{2}$$

令

$$Q=[Ca^{2+}]-\frac{\sum B(U_s-U)}{2-M} \tag{9-31}$$

$$R=\frac{K'_{sp}(M_s-M)}{M_sP_s(2-M)}-\frac{\sum B[Ca^{2+}](U_s-U)}{2-M} \tag{9-32}$$

代入式(9-30),得

$$x^2+xQ-R=0 \tag{9-33}$$

其解为:

$$x=\frac{-Q+\sqrt{Q^2+4R}}{2} \tag{9-34}$$

将 x 值代入式(9-28)得

$$DIC=\frac{K'_{sp}}{M_sP_s([Ca^{2+}]+x)}-x \tag{9-35}$$

$$TA=\sum B\times U+DIC\times M \tag{9-36}$$

至此, x ,DIC,TA 均已求出,CaCO$_3$ 饱和度可以从式 9-37 求出:

$$IP/K'_{sp}=\frac{[Ca^{2+}]\times DIC\times M\times P}{K'_{sp}} \tag{9-37}$$

附录 9.2　碳酸盐体系的平衡常数及海水密度

表 9-4　硼酸在海水中的第一级表观解离常数*（pK'_B）
（Mehrbach 等，1973）

T(℃)	S														
	0	5	10	15	20	25	30	31	32	33	34	35	36	38	40
−2	9.528	9.235	9.147	9.086	9.039	9.000	8.968	8.962	8.956	8.950	8.945	8.940	8.935	8.926	8.917
−1	9.514	9.221	9.133	9.072	9.025	8.986	8.953	8.947	8.942	8.936	8.931	8.926	8.921	8.911	8.902
0	9.501	9.208	9.119	9.058	9.011	8.972	8.939	8.933	8.928	8.922	8.917	8.911	8.906	8.897	8.888
1	9.488	9.194	9.105	9.045	8.997	8.958	8.925	8.919	8.914	8.908	8.903	8.897	8.892	8.883	8.874
2	9.475	9.181	9.092	9.031	8.983	8.944	8.911	8.905	8.900	8.894	8.889	8.884	8.878	8.869	8.860
3	9.462	9.168	9.079	9.018	8.970	8.931	8.898	8.892	8.886	8.880	8.875	8.870	8.865	8.855	8.846
4	9.449	9.155	9.066	9.004	8.957	8.917	8.884	8.878	8.872	8.867	8.861	8.856	8.851	8.842	8.833
5	9.437	9.142	9.053	8.991	8.943	8.904	8.871	8.865	8.859	8.853	8.848	8.843	8.838	8.828	8.819
6	9.425	9.130	9.040	8.978	8.930	8.891	8.858	8.852	8.846	8.840	8.835	8.829	8.824	8.815	8.806
7	9.413	9.117	9.027	8.966	8.918	8.878	8.845	8.839	8.833	8.827	8.822	8.816	8.811	8.801	8.792
8	9.402	9.105	9.015	8.953	8.905	8.865	8.832	8.826	8.820	8.814	8.809	8.803	8.798	8.788	8.779
9	9.390	9.093	9.003	8.941	8.892	8.852	8.819	8.813	8.807	8.801	8.796	8.790	8.785	8.775	8.766
10	9.379	9.081	8.991	8.928	8.880	8.840	8.806	8.800	8.794	8.788	8.783	8.777	8.772	8.763	8.753
11	9.368	9.070	8.979	8.916	8.867	8.827	8.793	8.787	8.781	8.776	8.770	8.765	8.760	8.750	8.741
12	9.357	9.058	8.967	8.904	8.855	8.815	8.781	8.775	8.769	8.763	8.758	8.752	8.747	8.737	8.728
13	9.347	9.047	8.955	8.892	8.843	8.803	8.769	8.762	8.756	8.751	8.745	8.740	8.734	8.725	8.715
14	9.336	9.036	8.944	8.880	8.831	8.790	8.756	8.750	8.744	8.738	8.733	8.727	8.722	8.712	8.703
15	9.326	9.025	8.932	8.869	8.819	8.778	8.744	8.738	8.732	8.726	8.720	8.715	8.710	8.700	8.690
16	9.316	9.014	8.921	8.857	8.807	8.766	8.732	8.726	8.720	8.714	8.708	8.703	8.697	8.687	8.678
17	9.306	9.003	8.910	8.846	8.796	8.754	8.720	8.714	8.708	8.702	8.696	8.691	8.685	8.675	8.666
18	9.297	8.992	8.899	8.834	8.784	8.743	8.708	8.702	8.696	8.690	8.684	8.679	8.673	8.663	8.654
19	9.287	8.982	8.888	8.823	8.772	8.731	8.696	8.690	8.684	8.678	8.672	8.667	8.661	8.651	8.641
20	9.278	8.971	8.877	8.812	8.761	8.719	8.684	8.678	8.672	8.666	8.660	8.655	8.649	8.639	8.629
21	9.269	8.961	8.866	8.801	8.750	8.708	8.673	8.666	8.660	8.654	8.648	8.643	8.637	8.627	8.617

（续表）

$T(℃)$	S														
	0	5	10	15	20	25	30	31	32	33	34	35	36	38	40
22	9.260	8.951	8.855	8.790	8.739	8.696	8.661	8.655	8.648	8.642	8.637	8.631	8.625	8.615	8.605
23	9.252	8.941	8.845	8.779	8.727	8.685	8.649	8.643	8.637	8.631	8.625	8.619	8.614	8.603	8.594
24	9.243	8.931	8.835	8.768	8.716	8.674	8.638	8.631	8.625	8.619	8.613	8.608	8.602	8.592	8.582
25	9.235	8.921	8.824	8.757	8.705	8.663	8.627	8.620	8.614	8.608	8.602	8.596	8.590	8.580	8.570
26	9.227	8.912	8.814	8.747	8.694	8.651	8.615	8.609	8.602	8.596	8.590	8.584	8.579	8.568	8.558
27	9.219	8.902	8.804	8.736	8.684	8.640	8.604	8.597	8.591	8.585	8.579	8.573	8.567	8.557	8.547
28	9.211	8.893	8.794	8.726	8.673	8.629	8.593	8.586	8.579	8.573	8.567	8.561	8.556	8.545	8.535
29	9.203	8.884	8.784	8.716	8.662	8.618	8.581	8.575	8.568	8.562	8.556	8.550	8.544	8.533	8.523
30	9.196	8.874	8.774	8.705	8.651	8.607	8.570	8.563	8.557	8.551	8.544	8.538	8.533	8.522	8.512
31	9.189	8.865	8.765	8.695	8.641	8.596	8.559	8.552	8.546	8.539	8.533	8.527	8.521	8.510	8.500
32	9.181	8.856	8.755	8.685	8.630	8.586	8.548	8.541	8.534	8.528	8.522	8.516	8.510	8.499	8.489
33	9.174	8.848	8.745	8.675	8.620	8.575	8.537	8.530	8.523	8.517	8.510	8.504	8.499	8.487	8.477
34	9.168	8.839	8.736	8.665	8.609	8.564	8.526	8.519	8.512	8.506	8.499	8.493	8.487	8.476	8.466
35	9.161	8.830	8.726	8.655	8.599	8.553	8.515	8.508	8.501	8.494	8.488	8.482	8.476	8.465	8.454
36	9.155	8.822	8.717	8.645	8.589	8.543	8.504	8.497	8.490	8.483	8.477	8.471	8.465	8.453	8.443
37	9.148	8.813	8.708	8.635	8.578	8.532	8.493	8.486	8.479	8.472	8.466	8.459	8.453	8.442	8.431
38	9.142	8.805	8.699	8.625	8.568	8.521	8.482	8.475	8.468	8.461	8.454	8.448	8.442	8.430	8.420
39	9.136	8.796	8.689	8.615	8.558	8.511	8.471	8.464	8.457	8.450	8.443	8.437	8.431	8.419	8.408
40	9.130	8.788	8.680	8.606	8.548	8.500	8.460	8.453	8.446	8.439	8.432	8.426	8.419	8.408	8.397

＊本表数据根据 N.B.S pH 标度

表 9-5　碳酸在海水中的第一级表观解离常数*（pK'$_1$）

（Mehrbach 等，1973）

T(℃)	S														
	0	5	10	15	20	25	30	31	32	33	34	35	36	38	40
−2	6.710	6.496	6.418	6.363	6.319	6.282	6.250	6.244	6.239	6.233	6.228	6.222	6.217	6.207	6.198
−1	6.697	6.484	6.406	6.350	6.306	6.270	6.238	6.232	6.226	6.221	6.216	6.210	6.205	6.195	6.186
0	6.685	6.472	6.394	6.338	6.294	6.258	6.226	6.220	6.215	6.209	6.204	6.199	6.194	6.184	6.174
1	6.673	6.460	6.382	6.327	6.283	6.246	6.215	6.209	6.203	6.198	6.192	6.187	6.182	6.172	6.163
2	6.661	6.449	6.371	6.315	6.271	6.235	6.203	6.198	6.192	6.187	6.181	6.176	6.171	6.161	6.152
3	6.650	6.437	6.360	6.304	6.260	6.224	6.193	6.187	6.181	6.176	6.170	6.165	6.160	6.150	6.141
4	6.639	6.426	6.349	6.294	6.250	6.213	6.182	6.176	6.171	6.165	6.160	6.155	6.150	6.140	6.131
5	6.629	6.416	6.338	6.283	6.239	6.203	6.172	6.166	6.161	6.155	6.150	6.145	6.140	6.130	6.121
6	6.618	6.406	6.328	6.273	6.229	6.193	6.162	6.156	6.151	6.145	6.140	6.135	6.130	6.120	6.111
7	6.608	6.396	6.318	6.263	6.220	6.183	6.152	6.147	6.141	6.136	6.130	6.125	6.120	6.110	6.101
8	6.598	6.386	6.309	6.254	6.210	6.174	6.143	6.137	6.132	6.126	6.121	6.116	6.111	6.101	6.092
9	6.589	6.377	6.299	6.244	6.201	6.165	6.134	6.128	6.123	6.117	6.112	6.107	6.102	6.092	6.083
10	6.580	6.367	6.290	6.235	6.192	6.156	6.125	6.119	6.114	6.108	6.103	6.098	6.093	6.084	6.074
11	6.571	6.359	6.282	6.227	6.183	6.147	6.117	6.111	6.105	6.100	6.095	6.090	6.085	6.075	6.066
12	6.562	6.350	6.273	6.218	6.175	6.139	6.108	6.103	6.097	6.092	6.087	6.082	6.077	6.067	6.058
13	6.554	6.342	6.265	6.210	6.167	6.131	6.100	6.095	6.089	6.084	6.079	6.074	6.069	6.059	6.050
14	6.546	6.334	6.257	6.202	6.159	6.123	6.093	6.087	6.082	6.076	6.071	6.066	6.061	6.052	6.043
15	6.538	6.326	6.249	6.195	6.152	6.116	6.085	6.080	6.074	6.069	6.064	6.059	6.054	6.044	6.035
16	6.531	6.319	6.242	6.187	6.144	6.109	6.078	6.073	6.067	6.062	6.057	6.052	6.047	6.037	6.028
17	6.523	6.312	6.235	6.180	6.137	6.102	6.071	6.066	6.060	6.055	6.050	6.045	6.040	6.031	6.022
18	6.517	6.305	6.228	6.174	6.131	6.095	6.065	6.059	6.054	6.049	6.043	6.038	6.034	6.024	6.015
19	6.510	6.298	6.221	6.167	6.124	6.089	6.058	6.053	6.048	6.042	6.037	6.032	6.027	6.018	6.009
20	6.503	6.292	6.215	6.161	6.118	6.083	6.052	6.047	6.042	6.036	6.031	6.026	6.021	6.012	6.003
21	6.497	6.286	6.209	6.155	6.112	6.077	6.047	6.041	6.036	6.031	6.025	6.020	6.016	6.006	5.997
22	6.491	6.280	6.203	6.149	6.106	6.071	6.041	6.036	6.030	6.025	6.020	6.015	6.010	6.001	5.992
23	6.486	6.274	6.198	6.144	6.101	6.066	6.036	6.030	6.025	6.020	6.015	6.010	6.005	5.996	5.987
24	6.480	6.269	6.192	6.138	6.096	6.061	6.031	6.025	6.020	6.015	6.010	6.005	6.000	5.991	5.982
25	6.475	6.264	6.187	6.133	6.091	6.056	6.026	6.020	6.015	6.010	6.005	6.000	5.995	5.986	5.977
26	6.470	6.259	6.183	6.129	6.086	6.051	6.021	6.016	6.011	6.005	6.000	5.996	5.991	5.982	5.973

（续表）

$T(℃)$	S														
	0	5	10	15	20	25	30	31	32	33	34	35	36	38	40
27	6.465	6.254	6.178	6.124	6.082	6.047	6.017	6.012	6.006	6.001	5.996	5.991	5.987	5.977	5.969
28	6.461	6.250	6.174	6.120	6.078	6.043	6.013	6.008	6.002	5.997	5.992	5.987	5.983	5.973	5.965
29	6.457	6.245	6.170	6.116	6.074	6.039	6.009	6.004	5.998	5.993	5.988	5.984	5.979	5.970	5.961
30	6.453	6.242	6.166	6.112	6.070	6.035	6.006	6.000	5.995	5.990	5.985	5.980	5.975	5.966	5.958
31	6.449	6.238	6.162	6.108	6.066	6.032	6.002	5.997	5.992	5.986	5.982	5.977	5.972	5.963	5.954
32	6.445	6.234	6.159	6.105	6.063	6.028	5.999	5.994	5.988	5.983	5.978	5.974	5.969	5.960	5.951
33	6.442	6.231	6.155	6.102	6.060	6.026	5.996	5.991	5.986	5.981	5.976	5.971	5.966	5.957	5.949
34	6.439	6.228	6.153	6.099	6.057	6.023	5.993	5.988	5.983	5.978	5.973	5.968	5.963	5.954	5.946
35	6.436	6.225	6.150	6.096	6.055	6.020	5.991	5.986	5.980	5.975	5.971	5.966	5.961	5.952	5.944
36	6.433	6.223	6.147	6.094	6.052	6.018	5.989	5.983	5.978	5.973	5.968	5.964	5.959	5.950	5.942
37	6.431	6.220	6.145	6.092	6.050	6.016	5.987	5.981	5.976	5.971	5.966	5.962	5.957	5.948	5.940
38	6.429	6.218	6.143	6.090	6.048	6.014	5.985	5.980	5.974	5.969	5.965	5.960	5.955	5.946	5.938
39	6.427	6.216	6.141	6.088	6.046	6.012	5.983	5.978	5.973	5.968	5.963	5.958	5.954	5.945	5.936
40	6.425	6.215	6.139	6.086	6.045	6.011	5.982	5.977	5.972	5.967	5.962	5.957	5.952	5.944	5.935

表 9-6　碳酸在海水中的第二级表观解离常数*（pK'_2）

（Mehrbach 等,1973）

$T(℃)$	S														
	0	5	10	15	20	25	30	31	32	33	34	35	36	38	40
−2	12.463	10.918	10.303	9.979	9.775	9.636	9.539	9.523	9.509	9.495	9.482	9.470	9.459	9.440	9.423
−1	12.366	10.870	10.273	9.959	9.760	9.625	9.529	9.514	9.499	9.486	9.473	9.461	9.450	9.431	9.414
0	12.269	10.822	10.244	9.938	9.745	9.612	9.519	9.503	9.489	9.476	9.463	9.452	9.441	9.421	9.404
1	12.172	10.773	10.213	9.917	9.729	9.599	9.507	9.492	9.478	9.465	9.453	9.441	9.430	9.411	9.394
2	12.075	10.724	10.183	9.895	9.712	9.586	9.495	9.481	9.467	9.454	9.442	9.430	9.419	9.400	9.383
3	11.979	10.675	10.152	9.873	9.695	9.572	9.483	9.469	9.455	9.442	9.430	9.419	9.408	9.389	9.372
4	11.883	10.626	10.121	9.851	9.678	9.557	9.470	9.456	9.442	9.430	9.418	9.406	9.396	9.377	9.359
5	11.787	10.577	10.089	9.828	9.660	9.542	9.457	9.443	9.429	9.417	9.405	9.394	9.383	9.364	9.347
6	11.692	10.528	10.058	9.805	9.642	9.527	9.443	9.429	9.416	9.404	9.392	9.381	9.370	9.351	9.334
7	11.597	10.479	10.026	9.782	9.624	9.512	9.429	9.416	9.403	9.390	9.379	9.367	9.357	9.338	9.321
8	11.502	10.430	9.995	9.759	9.605	9.496	9.415	9.401	9.389	9.376	9.365	9.354	9.343	9.324	9.307
9	11.408	10.382	9.963	9.736	9.586	9.480	9.401	9.387	9.374	9.362	9.351	9.340	9.329	9.310	9.293
10	11.315	10.333	9.932	9.712	9.568	9.464	9.386	9.373	9.360	9.348	9.337	9.326	9.315	9.296	9.279
11	11.222	10.285	9.900	9.689	9.549	9.448	9.371	9.358	9.345	9.334	9.322	9.311	9.301	9.282	9.264
12	11.130	10.237	9.869	9.666	9.530	9.431	9.356	9.343	9.331	9.319	9.308	9.297	9.287	9.267	9.249
13	11.038	10.189	9.838	9.643	9.511	9.415	9.341	9.328	9.316	9.304	9.293	9.282	9.272	9.253	9.235
14	10.947	10.142	9.807	9.620	9.493	9.399	9.326	9.313	9.301	9.290	9.278	9.268	9.257	9.238	9.220
15	10.857	10.095	9.776	9.597	9.474	9.383	9.311	9.298	9.286	9.275	9.264	9.253	9.243	9.223	9.205
16	10.767	10.048	9.746	9.574	9.456	9.367	9.296	9.284	9.272	9.260	9.249	9.238	9.228	9.208	9.190
17	10.678	10.002	9.716	9.551	9.437	9.351	9.281	9.269	9.257	9.246	9.234	9.224	9.213	9.194	9.175
18	10.591	9.957	9.686	9.529	9.419	9.335	9.266	9.254	9.242	9.231	9.220	9.209	9.199	9.179	9.160
19	10.504	9.912	9.657	9.507	9.401	9.319	9.252	9.240	9.228	9.217	9.206	9.195	9.185	9.165	9.146
20	10.417	9.867	9.628	9.486	9.384	9.304	9.238	9.226	9.214	9.203	9.192	9.181	9.170	9.150	9.131
21	10.332	9.823	9.599	9.464	9.367	9.289	9.223	9.212	9.200	9.189	9.178	9.167	9.156	9.136	9.117
22	10.248	9.780	9.571	9.444	9.350	9.274	9.210	9.198	9.186	9.175	9.164	9.153	9.143	9.122	9.103
23	10.164	9.737	9.544	9.423	9.333	9.259	9.196	9.184	9.173	9.162	9.151	9.140	9.129	9.109	9.089
24	10.082	9.695	9.517	9.403	9.317	9.245	9.183	9.171	9.160	9.149	9.138	9.127	9.116	9.096	9.075
25	10.000	9.654	9.490	9.384	9.301	9.232	9.170	9.159	9.147	9.136	9.125	9.114	9.103	9.083	9.062
26	9.920	9.613	9.464	9.365	9.286	9.219	9.158	9.146	9.135	9.124	9.113	9.102	9.091	9.070	9.049

（续表）

T(℃)	S														
---	0	5	10	15	20	25	30	31	32	33	34	35	36	38	40
27	9.841	9.573	9.439	9.347	9.272	9.206	9.146	9.134	9.123	9.112	9.101	9.090	9.079	9.058	9.037
28	9.762	9.534	9.415	9.329	9.258	9.194	9.134	9.123	9.112	9.100	9.089	9.078	9.068	9.046	9.025
29	9.685	9.496	9.391	9.312	9.244	9.182	9.123	9.112	9.101	9.090	9.078	9.067	9.056	9.035	9.013
30	9.609	9.459	9.368	9.296	9.231	9.171	9.113	9.102	9.090	9.079	9.068	9.057	9.046	9.024	9.002
31	9.534	9.423	9.346	9.280	9.219	9.160	9.103	9.092	9.081	9.069	9.058	9.047	9.036	9.014	8.992
32	9.461	9.387	9.324	9.265	9.207	9.150	9.094	9.083	9.071	9.060	9.049	9.038	9.026	9.004	8.982
33	9.388	9.352	9.304	9.251	9.196	9.141	9.085	9.074	9.063	9.051	9.040	9.029	9.018	8.995	8.972
34	9.317	9.319	9.284	9.237	9.186	9.133	9.077	9.066	9.055	9.043	9.032	9.021	9.009	8.986	8.963
35	9.247	9.286	9.265	9.225	9.177	9.125	9.070	9.059	9.047	9.036	9.025	9.013	9.002	8.978	8.955
36	9.178	9.254	9.247	9.213	9.168	9.118	9.063	9.052	9.041	9.029	9.018	9.006	8.995	8.971	8.948
37	9.110	9.224	9.229	9.202	9.160	9.111	9.057	9.046	9.035	9.023	9.012	9.000	8.988	8.965	8.941
38	9.044	9.194	9.213	9.191	9.153	9.106	9.052	9.041	9.030	9.018	9.006	8.995	8.983	8.959	8.934
39	8.979	9.165	9.198	9.182	9.147	9.101	9.048	9.037	9.025	9.014	9.002	8.990	8.978	8.954	8.929
40	8.916	9.138	9.183	9.174	9.141	9.097	9.044	9.033	9.022	9.010	8.998	8.986	8.974	8.949	8.924

＊本表数据根据 N.B.S pH 标度

表 9-7　海水的条件密度 σ_t

T(℃)	S											
	26	27	28	29	30	31	32	33	34	35	36	37
0	20.866	21.690	22.493	23.297	24.101	24.906	25.710	26.515	27.321	28.126	28.933	29.739
1	20.854	21.654	22.455	23.265	24.056	24.858	25.659	26.416	27.264	28.066	28.870	29.673
2	20.808	21.605	22.403	23.200	23.998	24.796	25.595	26.394	27.193	27.993	28.793	29.594
3	20.741	21.542	22.336	23.130	23.926	24.721	25.517	26.313	27.110	27.907	28.704	29.502
4	20.674	21.465	22.257	23.049	23.541	24.634	25.426	26.220	27.013	27.808	28.602	29.398
5	20.587	21.376	22.165	22.954	23.734	24.533	25.323	26.114	26.905	27.697	28.459	29.281
6	20.488	21.274	22.060	22.847	23.633	24.421	25.208	25.996	26.785	27.574	28.363	29.153
7	20.377	21.160	21.944	22.728	23.512	24.297	25.182	25.867	26.653	27.439	28.226	29.014
8	20.254	21.035	21.816	22.597	23.379	24.161	24.943	25.726	26.510	27.294	28.078	28.864
9	20.119	20.998	21.676	22.445	23.234	24.014	24.794	25.575	26.356	27.138	27.920	28.704
10	19.957	20.749	21.526	22.302	23.019	23.857	24.635	25.413	26.192	26.791	27.751	28.532
11	19.817	20.590	21.365	22.129	22.913	23.689	24.465	25.241	26.017	26.704	27.572	28.351
12	19.649	20.421	21.193	21.965	22.737	23.511	24.284	25.058	25.833	26.608	27.383	28.160
13	19.471	20.241	21.011	21.785	22.551	23.320	24.094	24.866	25.638	26.411	27.185	27.959
14	19.283	20.051	20.819	21.587	22.355	23.124	23.894	24.614	25.434	26.205	26.977	27.794
15	19.086	19.851	20.617	21.383	22.150	22.917	23.684	24.452	25.321	25.990	26.760	27.530
16	18.878	19.642	20.406	21.170	21.934	22.700	23.461	24.232	24.999	25.776	26.534	17.302
17	18.661	19.422	20.185	20.947	21.710	22.474	23.238	24.002	24.767	25.533	26.299	27.066
18	18.434	19.194	19.955	20.716	21.476	22.239	23.001	23.763	24.527	25.291	26.055	26.820
19	18.198	18.956	19.715	20.475	21.234	21.994	22.755	23.546	24.278	25.040	25.803	26.566
20	17.953	18.710	19.467	20.225	20.983	21.741	22.500	23.260	24.020	24.789	25.542	26.304
21	17.699	18.454	19.210	19.966	20.722	21.480	22.237	22.995	23.754	24.513	25.273	26.034
22	17.436	18.190	18.944	19.699	20.454	21.710	21.966	22.723	23.480	24.238	24.996	25.756
23	17.164	17.917	18.670	19.423	20.177	20.931	21.686	22.441	23.197	23.954	24.711	25.469
24	16.880	17.635	18.387	19.139	19.891	20.645	21.398	22.152	22.907	23.662	24.418	25.175
25	16.595	17.345	18.097	18.847	19.598	20.350	21.102	21.855	22.608	23.362	24.117	24.873

（续表）

$T(℃)$	S											
	26	27	28	29	30	31	32	33	34	35	36	37
26	16.198	17.047	17.796	18.546	19.296	20.047	20.758	21.549	22.302	23.055	23.808	24.563
27	15.993	16.741	17.489	18.237	18.986	19.735	20.485	21.237	21.987	22.739	23.492	24.245
28	15.679	16.426	17.173	17.920	18.667	19.416	20.165	20.915	21.665	22.416	23.167	23.921

实验十　海水中碳的存在形态

一、概述

　　海水中的碳以多种形态存在。就溶解性能来讲,碳在海水中以溶解态和颗粒态存在。由于碳与生命活动密切相关,因此,碳又会以无机态和有机态存在。碳在海水中的存在形态,直接影响生命活动并受其反作用,因此,了解碳的存在形态在海洋化学上具有重要的作用。

　　从 20 世纪 30 年代开始,测定海水中有机碳(TOC)浓度的方法被用于检测水质,当时的分析过程复杂,准确性不高。从 20 世纪 60 年代开始,逐渐发展出一些用仪器自动分析 TOC 的测定方法。比较典型的为:过硫酸钾氧化法、紫外/过硫酸钾氧化法和高温燃烧法。其中,后两种方法由于可以实现自动分析,得到了长足的发展,是目前主要采用的测定海水中有机碳的方法。本实验采用 TOC 自动分析仪,测定海水中的无机和有机碳浓度,全面分析各种形态碳在海水中的分布情况。

二、实验目的

　　学会并熟练使用总有机碳分析仪;了解碳在海水中的存在形态。

三、实验原理

　　将颗粒态和溶解态的碳分离之后,用总有机碳分析仪分别测定各形态的碳浓度。溶解有机碳(DOC)和溶解无机碳(DIC)用 TOC－V_{CPH} 型总有机碳分析仪的液态部分测定,颗粒态部分(POC)用固体测定单元测定。

　　TOC－V_{CPH} 型总有机碳分析仪的工作原理介绍如下:

　　水在加热后,产生激发态羟基 OH^*。

$$4H_2O \xrightarrow{\triangle} 3H_2 + O_2 + 2OH^*$$

　　在催化剂的存在下,OH^* 与碳化合物反应生成 CO_2 和 H_2O。

$$C_xH_y(总碳) + (4x+y)OH^* \rightarrow xCO_2 + (2x+y)H_2O$$

　　含碳物质在高温(900～1 000℃)催化(使用铂催化剂)燃烧下,完全氧化,生成 CO_2。生成的 CO_2 用非色散红外 CO_2 检测器分析,其信号值与水样中的有机碳浓度成正比。

TOC-V$_{CPH}$型总有机碳分析仪在较低温度 680℃下催化燃烧,其内部结构如图 10-1 所示。680℃低于盐类熔融温度(如熔融温度:NaCl 为 800℃;CaCl$_2$ 为 774℃)。使用 680℃可防止由于盐熔融而使燃烧管失去光泽及对催化剂的损坏。此温度使检测器损坏和干扰可降至最低,并可增加燃烧炉的寿命。

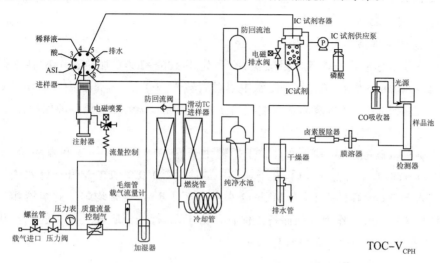

图 10-1 TOC－V$_{CPH}$型总有机碳分析仪结构示意图

TOC-V$_{CPH}$总有机碳分析仪附带的 POC 测定单元可同时测定颗粒物中有机碳的浓度,其结构示意图如图 10-2 所示。

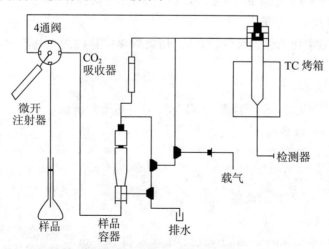

图 10-2 POC 检测单元示意图

测定过程中,样品中无机碳通过 CO$_2$ 吸收器(LiOH)除去。POC 被带到 TC

燃烧管被氧化成 CO_2，然后通过检测器分析并报告数据。

测定水样中的无机碳时，只需选中仪器方法中的无机碳测定，即可测定水样中的 DIC 浓度。

四、试剂及配制

1. 试剂及配制

1）总碳标准液（10 g C/dm^3）。

准确称取标准物质邻苯二甲酸氢钾（预先用 105～120℃加热约 1 h，在干燥器内放冷）10.625 0 g。在 Milli-Q 水中溶解后转入 500 cm^3 容量瓶中，用 Milli-Q 水定容，混合均匀。此溶液的碳浓度相当于 10 g/dm^3，作为标准储备液保存。

2）无机碳标准液（10 g C/dm^3）。

准确称取碳酸氢钠（预先在硅胶干燥器中干燥 2 h）17.500 0 g 和碳酸钠（预先在 280～290℃下加热 1 h 后，在干燥器中放冷）22.050 0 g，在 Milli−Q 水中溶解后转入 500 cm^3 容量瓶中，用 Milli-Q 水定容至 1 dm^3，混合均匀。此溶液相当于碳浓度 10 g/dm^3，作为标准储备液保存。由于 IC 标准液吸收大气中的二氧化碳，浓度容易变化，因此，必须密封保存。

3）HCl 溶液（2 mol/dm^3）。

用优级纯盐酸试剂，按 1∶5 的比例用 Milli-Q 水稀释。

4）磷酸溶液（25％）。

用优级纯磷酸试剂，按 1∶4 的比例用 Milli-Q 水稀释。

5）饱和氯化汞溶液。

向试剂瓶中加入氯化汞（试剂纯），用玻璃棒搅拌使之充分溶解，并保持瓶底有一定量的试剂固体。

2. 仪器设备

1）TOC 测定仪：日本岛津 TOC-V$_{CPH}$ 总有机碳分析仪。

2）100 cm^3 容量瓶，14 个。

3）500 cm^3 容量瓶，2 个。

4）移液器，若干。

5）其他实验室常用设备。

6）全玻滤器。

7）滤膜，Whatmann GF/F，直径 47 mm 和 25 mm。

8）磨口玻璃瓶，60 cm^3：浸泡在 10％的盐酸中 24 h，以上用高纯水淋洗后，450℃灼烧 4 h。

五、实验步骤

1. 样品采集

DOC 样品:海水用 Niskin 采水器采集后,立即用 whatmann GF/F 滤膜($\Phi=$ 47 mm,450℃预灼烧 6 h)在全玻滤器上过滤。弃掉最先滤出的约 200 cm³ 水样,随后收集滤液转入 60 cm³ 磨口玻璃瓶中。水样中加入 1 滴饱和 $HgCl_2$ 溶液以避免微生物影响,盖上瓶塞然后用 Parafilm 膜封口后在 4℃下保存。

POC 样品:海水样品采集后,用 25 mm 的 Whatmann GF/F 滤膜($\Phi=$ 25 mm,450℃下预灼烧 6 h 并称重)过滤,过滤体积视颗粒物的量而定,一般在 200～500 cm³ 之间,过滤后的滤膜置于−20℃冷冻保存至实验室分析。

2. 样品分析

1)配制 DOC 使用标准。

准确移取 1.00 cm³ 贮备液于 100.00 cm³ 容量瓶中,用 Milli−Q 水稀释至刻度,此溶液浓度为 100 mgC/dm³。

2)配制 DOC 标准系列。

由于天然海水中的 DOC 浓度在 1 mgC/dm³ 左右,因此,将标准系列的最高浓度设定为 2 mgC/dm³。准确移取 0 cm³,0.10 cm³,0.40 cm³,1.00 cm³,1.50 cm³,2.00 cm³ 使用标准溶液到 100.00 cm³ 容量瓶中,用 Milli-Q 水稀释到刻度。此溶液的浓度分别为:0 cm³,0.10 cm³,0.40 cm³,1.00 cm³,1.50 cm³ 和2.00 mgC/dm³。

3)配制 DIC 使用标准。

准确移取 10.00 cm³ DIC 贮备液于 100.00 cm³ 容量瓶中,用 Milli-Q 水稀释至刻度,此溶液浓度为 1 000 mgC/dm³。

4)配制 DIC 标准系列。

由于天然海水中的 DIC 浓度在 20 mgC/dm³ 左右,因此,将标准系列的最高浓度设置为 30 mgC/dm³。准确移取 0 cm³,0.50 cm³,1.00 cm³,1.50 cm³,2.00 cm³,3.00 cm³ 使用溶液到 100.00 cm³ 容量瓶中,用 Milli-Q 水稀释到刻度。此溶液的浓度分别为:0 cm³,0.50 cm³,10.00 cm³,15.00 cm³,20.00 cm³ 和30.00 mgC/dm³。

5)带有 POC 的 GF/F 膜在密闭干燥器内用浓盐酸熏蒸 12 h 以除去无机碳,于 50℃下低温烘干,并在烘干的过程中用 Milli-Q 水洗至中性。处理好的样品放置在 TOC 自动分析仪的样品舟中,用 Shimadzu TOC-V$_{\text{CPH}}$ 固体试样燃烧装置(SSM-5000A)测定。测得浓度用 c_{POC}(μmol/dm³)表示。

6）用 TOC 自动分析仪测定标准和水样中 DOC、POC 和 DIC 的浓度,分别用 c_{DOC}、c_{POC} 和 c_{DIC} 表示。仪器的具体使用方法见附录 10.2。

六、结果结算

1. 绘制工作曲线

用测得的标准系列数据绘制 DOC 和 DIC 的工作曲线。

2. 利用工作曲线

利用工作曲线,查出或计算出待测样品中各种形态碳的浓度。利用下列各式,计算各种形态碳的百分含量,分析测定值与文献值的差异。

$$c_{TOC} = c_{DOC} + c_{POC}$$

$$c_{DIC}\% = \frac{c_{DIC}}{c_{DIC} + c_{TOC}} \times 100\%$$

$$c_{DOC}\% = \frac{c_{DOC}}{c_{TOC}} \times 100\%$$

$$c_{POC}\% = \frac{c_{POC}}{c_{TOC}} \times 100\%$$

式中,c_{TOC}、c_{DOC}、c_{DIC} 和 c_{POC} 分别表示样品中总有机碳、溶解有机碳、溶解无机碳和颗粒有机碳的物质的量浓度。

七、问题讨论

（1）查阅文献,分析测得的各形态碳与文献值的差异。

（2）与实验七测定的无机碳相比,两种方法得到的数据有何差异?分析产生差异的原因。

（3）分析各形态碳所占比例的原因。

八、注意事项

（1）TOC 分析仪结构复杂,使用时必须在教师指导下操作。

（2）由于海水中 DOC 浓度较低,因此实验所用蒸馏水均为 Milli－Q 水。仪器所用载气为高纯氮气或高纯氧气。

（3）Shimadzu TOC-V$_{CPH}$ 总有机碳分析仪量程为 4 $\mu g/dm^3 \sim 25\,000$ mg$/dm^3$,精密度较高,3～5 个平行样的变异系数<2%,以 Milli-Q 水做空白,其空白值为3～7 $\mu mol/dm^3$。

附录 10.1　TOC-V$_{CPH}$型总有机碳分析仪

一、进样方法

样品的进样方式主要有 2 种，一种为手动进样，如图 10-3 所示，另一种为自动进样，如图 10-4 所示。手动进样需要用注射器手动注入样品，手动设置进样体积。如果有 3 个样品，每个样品重复 2 次，则总共需 6 次手动进样，该进样方式需要连续的关注和人力，容易引进人为误差。

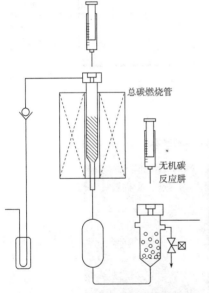

总碳燃烧管

无机碳反应胖

图 10-3　**手动进样示意图**　　　　图 10-4　**自动进样示意图**

自动进样(如图 10-4 所示)。样品通过电机驱动的注射器泵自动地取样和注入，电机操作注射器的柱塞；自动地计算最优的进样体积；自动进样前用样品清洗，防止记忆效应。自动进行重复分析；重现性好；较少操作和人为误差，节省人力。

进样方式根据仪器配备情况选用。

二、操作步骤

(1) 打开载气，使其压力在 0.3 M～0.4 MPa 范围内；

（2）打开分析仪主机，运行 TOC 操作软件 TOC－Conctrol Ⅴ，显示如下画面：

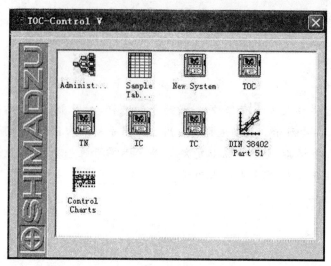

点击"Sample Table"，弹出对话框后点击"OK"；

（3）新建样品表。

在菜单中选择"新建"出现以下对话框：

点击"OK"，出现以下对话框：

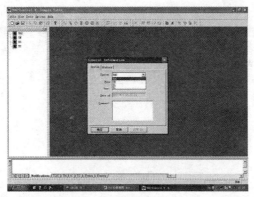

在"System"中,各项参数所代表的含义为:TOC代表测定有机碳;TN代表测定总氮或同时测定总氮和DOC时选择;IC:测定无机碳;TC:测定颗粒态碳。根据测定的参数,选择其中一项,点击"OK",会弹出以下对话框:

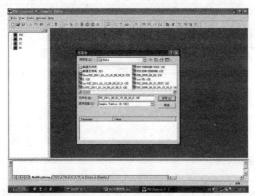

根据需要,把数据保存在相应的文件夹中。

(4) 建立方法。

在下列"Sample Table"中,

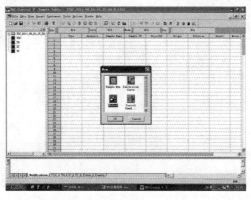

选择"Method":

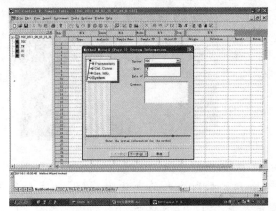

根据要测定的组分,选择相应的选项,点击"下一步",会出现以下对话框:

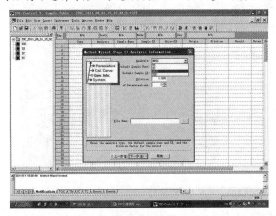

选择相应选项(通常为 NPOC,为溶解有机碳),然后保存"file name",点击"下一步",再点击"下一步",出现下面对话框:

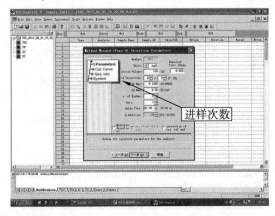

将"action volume"改为 $100\ \mu L$，点击"下一步"，直到完成。（测 DOC 和 TN 一般为 $100\ \mu L$，测 DIC 进样 $200\ \mu L$；进样次数一般为 $2\sim3$ 次）

（5）插入样品。

点击工具栏倒数第 4 个"insert sample"，出现以下对话框：

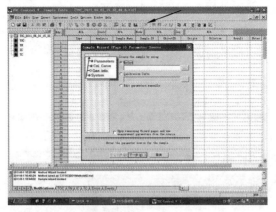

在"method"里插入步骤 4 建立的方法。点击"下一步"，直至完成。

（6）建立标准曲线。

在下列"Sample Table"中，

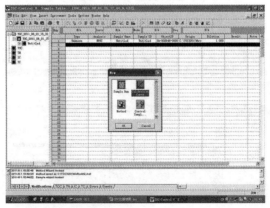

点击"calibration curve"，后续步骤跟步骤 4 类似，点击几个"下一步"，出现以下对话框：

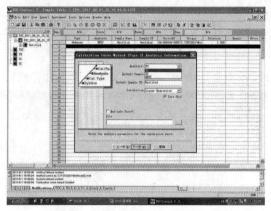

保存后,点击几个下一步后,出现下面对话框:

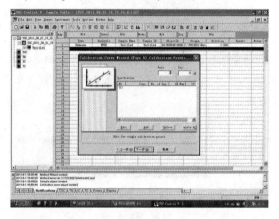

点击"add"。

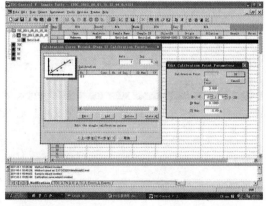

　　在弹出的对话框中输入第一个标准系列的浓度。然后继续点击"add"添加剩余标准点。

　　输入完成后即如下图所示。注意：不要忘记更改进样体积为 $100\ \mu L$。单击"下一步"，直至完成。做成的标准曲线，如果在【方法】上设定该【标准曲线】文件名（.cal），则可以在以后的样品测定中使用。

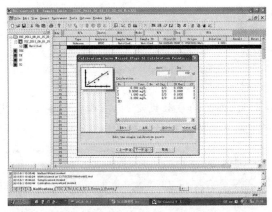

（7）插入标准。

　　点击工具栏倒数第一个"insert calibration curver"。添加步骤 6 建立的标准即可。

　　（8）连接仪器：点击工具栏黄色按钮"connect"。

　　（9）确认测定开始前的仪器状态。

　　点击【仪器】＞【维护】菜单中的【监视】或点击【监视】工具键（）。基线的状态（基线的位置、基线的变动和基线的噪声）必须都亮绿色灯。

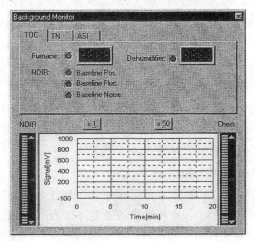

（10）测定。

测定前先用纯水清洗管路，可以将步骤5插入的样品多复制一些，然后点击"start"开始测样。

常用的几个按钮为：

这三个按钮分别为：样品的参数设定；标准曲线的查看；测定的具体数据的查看。这几个按钮可以进行相关参数的修改等。

图中第四个按钮为开始测定样品。其余按钮分别表示相应的连接、暂停等。Stop 为暂停，stop 后面工具为紧急停止。

（11）关机。

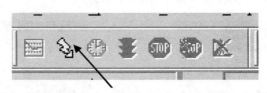

样品分析完毕后，点击"standby"，选择"shut down instrument"，关闭计算机和载气，大约 30 min 后，主机自动关闭（680℃或者720℃测样结束时，切记不可立即关闭主机电源，避免进样口塑料件高温下变形，30 min 后，温度下降，主机电源会自动关闭）。

（12）注意事项：

① 每测定 5～6 个样品需用纯水冲洗管路；

② 燃烧管测定 100 多个样品之后需要更换催化剂，用过的催化剂活化后，需要对其进行再生处理（冲盐酸）；

③ 加湿器的水位不要低于其最低刻度线；

④ 进样管不要接触到瓶壁。

⑤ 载气设定，联机之后调节。

载气调节压力至 200 kPa，载气流量调节到 150 cm³/min。

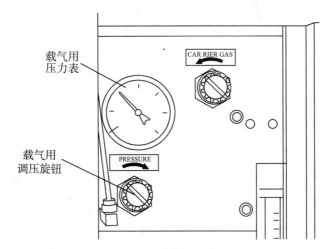

图 10-5　流量计面板

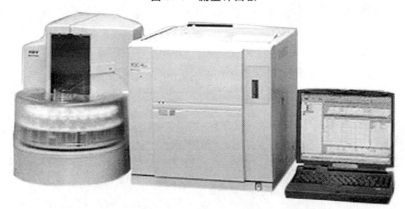

图 10-6　岛津 TOC－V$_{CPH}$ 型总有机碳分析仪

第四部分　海洋化学中的生物作用

在生物作用的推动下,自然界中的元素在生物圈和其他贮圈中发生迁移和转化,这就是元素的生物地球化学循环。自然界中的许多元素,可以在生物和生物之间、生物和非生物之间,按照一定的途径进行不同方式的转移与循环,这对于保持生态平衡起着非常重要的作用。虽然所有生物都参与物质的生物地球化学循环,但海洋中广泛存在的浮游生物和细菌等在元素的循环中起着主要的作用。

海洋初级生产者通过光合作用或化能合成作用,把无机碳、氮和磷等转化为有机物,除了供给自身生命活动外,还通过生物链将物质和能量向高级生命传送。另外,微生物中分解者降解动植物遗体及其分泌物,分解其他生物未完全消化的有机物,将碳、氮、磷等元素重新以无机形式释放到环境中,从而构成元素的循环,并对海洋中生物制约成分的分布起到决定作用。

本部分就海洋中生物作用对化学要素的影响和元素的生物地球化学循环设计了 3 个实验,分别涉及光合作用、有机物的分解作用和氮元素的生物转化作用,以了解生物过程对海洋中化学元素的形式或形态变化所起到的影响。

实验十一　利用叶绿素 a 和同化系数估算初级生产力

一、概述

海洋生命所需要的能量，主要依赖于海洋中浮游植物体内的叶绿素，通过光合作用将太阳能转换为化学能。海洋浮游植物是能量的原始转换者，在海洋食物链中是初始生产者，所生产的有机物和贮存的能量是海洋食物链的基础。海洋初级生产力测定对海洋生产能力及渔业资源开发利用潜力的估算有着十分重要的意义。

叶绿素是自养植物细胞中一类很重要的色素，是植物进行光合作用时吸收和传递光能的主要物质。叶绿素 a 是其中的主要色素。海水中叶绿素的含量是海洋生态学中必不可少的检测项目，由叶绿素（通常为叶绿素 a）的含量可推算出海水中浮游植物的总量，叶绿素含量还是反映海洋生态系统中初级生产力最简便有效的指标，对估算海洋生产力有着重要意义。此外，海水中叶绿素的含量与海洋渔业及海水养殖业有着密切关系，其分布和变化与海洋环境的理化因子有一定的相关性。因此，准确灵敏地测定叶绿素的含量，有利于海洋渔业和养殖业的健康发展以及海洋生态环境的保护。海水中叶绿素 a 的测定方法主要有分光光度法和荧光分析法，也有新型自动分析传感器可以实时测定现场海水的叶绿素浓度。

初级生产力是自养生物通过光合作用生产有机物的能力。通常以单位时间（年或天）内单位面积（或体积）中所产生的有机物（一般以有机碳表示）的质量计算，相当于该时间内相同面积（或体积）中的初级生产量。

初级生产力测定方法包括^{14}C 示踪法和叶绿素法。由于同位素示踪法对仪器设备的要求较高，一般实验室较难获得，因此，本实验采用叶绿素法。

由于光合作用一般需要叶绿素 a 作为载体，后者跟初级生产力有一定的比例关系，因此，可以用叶绿素 a 含量估算调查海区的初级生产力。这种估算方法必须求得同化系数。同化系数是指植物光合作用的光合作用效率，也就是在 CO_2 与光照度充足的条件下，单位质量叶绿素与每小时所同化的碳量之比，常用碳（mg）/叶绿素（mg）/h 表示。不同类型藻类种群或同一种群在不同环境，同化系数不同。测定叶绿素常用的方法为分光光度法和荧光法，本实验采用荧光法测定，分光光度法见附件 11-1。

二、实验目的

掌握水体中叶绿素 a 的测定方法；掌握同化系数的概念和计算方法；了解初级生产力测定和估算方法。

三、实验原理

1. 荧光法测定叶绿素 a 的原理

叶绿素 a 的丙酮萃取液受蓝光（340 nm）激发产生红色荧光，过滤一定体积海水所得的浮游植物用 90％丙酮提取其色素，使用荧光计在波长 670 nm 处测定提取液酸化前后的荧光值，计算出海水中叶绿素 a 的浓度。校正系数 F_d 值的确定方法通常有标准叶绿素 a 校正和分光光度计校正两种方法，本实验采用标准叶绿素 a 的方法。原理为：用纯叶绿素 a 配成母液，把母液稀释成一系列不同浓度的溶液并分别测定荧光读数，用直线回归法求出工作曲线的斜率 F_d。

2. 初级生产力 PP 的计算

初级生产力用 Cadée 和 hegeman 在 1974 年提出的计算初级生产力的简化公式进行计算：

$$P = \frac{\mathrm{Pa} \times h \times t}{2} \tag{11-1}$$

式中，P 为每日现场初级生产力，单位为 $\mathrm{mgC/(m^2 \cdot d)}$；

Pa 为表层水中浮游植物潜在生产力，单位为 $\mathrm{mgC/(m^2 \cdot d)}$；

h 为真光层深度，单位为 m；

t 为每日的光照时间。

因为表层水 $h = 1$ m 水深内浮游植物潜在的生产力为：

$$P_a = C_a \times Q \tag{11-2}$$

故可写成：

$$\mathrm{pp} = \frac{c_a \times Q \times t}{2} \tag{11-3}$$

式中，pp 为每日生产力（$\mathrm{mgC \cdot m^{-3} \cdot d^{-1}}$）；

c_a 为表层水中叶绿素 a 含量（$\mathrm{mg \cdot m^{-3}}$）；

d 为每日的光照时间，冬天以 12 h 计，夏天以 13 h 计。

Q 为浮游植物光合作用速率与叶绿素 a 含量的比值，称为同化系数，单位为 $\mathrm{mgC \cdot (mgChl\text{-}a)^{-1} \cdot h^{-1}}$。

3. 同化系数的确定

为得到适用于调查海区的同化系数，最好用 C_{14} 示踪法现场测定。在无测定 ^{14}C 示踪条件下可用黑白瓶法作为浮游植物光合作用速率的测定。根据浮游植物光合过程中释放的氧量换算成有机碳的固定量,以此固定值除以叶绿素 a 和培养时间即为同化系数 Q。

光合作用的简单方程为 $CO_2 + H_2O \longrightarrow CH_2O + O_2$,用产生的氧换算成固定碳,则有:

$$Q = \frac{Co_l - Co_d}{t} \times 10^3 \times \frac{12}{32} \times \frac{1}{c_{Chl\text{-}a}} = 375 \times \frac{Co_l - Co_d}{t \times c_{Chl\text{-}a}} \tag{11-4}$$

式中,Q 为同化系数,$mgC \cdot (mgChl\text{-}a)^{-1} \cdot h^{-1}$;

t 为光照时间,h;

$c_{Chl\text{-}a}$ 为叶绿素 a 含量,mg/m^3;

C_{O_l},C_{O_d} 为"白"和"黑"瓶中溶解氧含量,mgO_2/dm^3。

四、仪器和试剂

1. 仪器

(1) Turner-Designs-Model 10 荧光光度计:激发光波长 450 nm,发射光波长 685 nm。

(2) LRH-250-G 型光照培养箱。

(3) 离心机:转速能达到 3 000~4 000 r/min,宜使用带温控装置的离心机。

(4) 抽滤装置:包括全玻滤器、支架、抽滤瓶和孔径为 0.70 μm 的 GF/F 玻璃纤维滤膜。

(5) 真空泵。

(6) 冰箱。

(7) 铝箔和镊子等其他实验室常用材料。

2. 玻璃器皿

(1) 250 cm^3 BOD 瓶,2 个,黑白各 1 个。

(2) 溶解氧瓶,2 个。

(3) 具塞刻度试管,4 支。

(4) 100 cm^3 量筒,1 个。

(5) 水样桶,2 个。

(6) 碱式滴定管,1 支。

(7) 10 cm^3 移液管,1 支。

(8) 2 cm^3 移液管,3 支。

(9) 1 cm^3 移液管,1 支。

(10) 10 cm^3 移液管,1 支。

3. 试剂

(1) 90％丙酮：在 900 cm^3 丙酮试剂中加 100 cm^3 纯水。

(2) $MgCO_3$ 溶液(1％)：称取 $MgCO_3$(A. R)5 g，溶于 500 cm^3 去离子水中，贮存于试剂瓶中。

(3) $Na_2S_2O_3$ 溶液(0.01 mol/dm^3)：称取 25 g 硫代硫酸钠，用刚煮沸冷却的蒸馏水水溶解，转移到棕色试剂瓶中，稀释至 10 dm^3 混匀，置于阴凉处，8～10 天后标定其浓度。

(4) 碘酸钾溶液(0.001 667 mol/dm^3)：称取 0.356 7 g 碘酸钾(一级及预先在 120℃烘 2 h，置于干燥器中冷却)溶于去离子水中，转移到 1 000 cm^3 容量瓶中，稀释至标线，混匀。

(5) $MnCl_2$ 溶液：称取 $MnCl_2 \cdot 4H_2O$(A. R)210 g，溶于 500 cm^3 去离子水中，贮存于试剂瓶中。

(6) 碱性 KI 溶液：称取氢氧化钠(A. R)250 g 溶于 500 cm^3 去离子水中，冷却后加入碘化钾(A. R)75 g，贮存于棕色试剂瓶中。

(7) H_2SO_4 溶液(1∶1)：1 体积浓硫酸倒入 1 体积去离子水中，冷却，贮存于试剂瓶中。

(8) H_2SO_4 溶液(1∶3)：1 体积浓硫酸倒入 3 体积去离子水中，冷却，贮存于试剂瓶中。

(9) 淀粉溶液(0.5％)：称取 1 g 可溶性淀粉，用少量去离子水搅成糊状，加入到 200 cm^3 沸水中，淀粉即溶解。为了防止分解，可加入 0.1 g 水杨酸钠。

(10) KI(固体)

(11) HCl 溶液(10％)：取 500 cm^3 优级纯 HCl，稀释在 5 dm^3 的酸缸中。

五、实验步骤

1. 荧光法测定海水中叶绿素 a 的含量

(1) 标准叶绿素 a 贮备液的制备。

用 90％的丙酮溶解一定量的市售叶绿素 a 结晶，浓度大约为 1 mg/dm^3。

(2) 叶绿素 a 标准系列的配制。

取不同体积的叶绿素 a 贮备液，用 90％的丙酮稀释到不同浓度，供各量程档校准使用。

(3) 换算系数 F_d 的测定。

对上述不同浓度的标准系列溶液，在不同量程档上进行酸化前后荧光值的测定。各量程档的换算系数 F_d 按公式(9-5)进行计算。

（4）水样的采集和保存。

根据不同的水体，采集 $500\sim1~000~cm^3$ 水样于棕色玻璃瓶或深色玻璃瓶中，每升水样加入 $1~cm^3~1\%$ 的碳酸镁悬浊液，以防止酸化引起的色素溶解。水样应避光保存，低温运输。采样后 24 h 内用 GF/F 滤膜过滤水样，过滤后的滤膜在 $-20℃$ 以下冰箱内冷冻保存，并于 25 天内分析测试完毕。

（5）水样的过滤。

将 GF/F 滤膜放置在连接有真空泵的全玻滤器上，根据水样中叶绿素的浓度准确量取定量体积的混匀水样进行减压抽滤，抽滤时负压不应超过 20 kPa，逐渐减压，在水样刚刚完全通过滤膜时结束抽滤。用镊子小心将滤膜取出，将有样品的一面对折，用滤纸吸干剩余水分。

如果样品不能及时测定，应将吸干水分的滤膜用铝箔包好，置于 $-20℃$ 以下冰箱内冷冻保存至分析。

（6）水样的萃取。

将过滤后的滤膜放入具塞玻璃离心管中，盖紧瓶塞，放入 $-40℃$ 超低温冰箱中冷冻 20 min，取出放置于室温下 5 min，此过程反复 3 次。向离心管中加入 $10~cm^3~90\%$ 丙酮溶液，盖紧瓶塞剧烈摇振片刻，放置于 $4℃$ 冰箱中避光浸泡 $4\sim12$ h 备用，在浸泡过程中应再摇振 $2\sim3$ 次。

（7）离心。

将离心管放入离心机中，以 3 500 r/min 的速度离心 15 min。

（8）荧光的测定。

以 90% 的丙酮作为对比液，测出标准系列叶绿素 a 在各量程档的空白荧光值 F_{01} 和 F_{02}；将提取好的上清液倒入测定池中，选择适当量程档，在波长 670 nm 处，测定样品的荧光值 R_b；加 1 滴体积分数为 10% 的盐酸于测定池中，30 s 后测定其荧光值 R_a；将结果填入表 9.1。

2. 同化系数的测定

分别用 BOD 采样瓶的黑瓶和白瓶，装满待测海水，置于光照培养箱中培养 $2\sim4$ h，取出，用测定溶解氧的方法分别测定 2 个瓶子中溶解氧的含量 O_1 和 O_d，具体测定方法见附录 11-2。

六、结果计算

（1）根据测定的酸化前后的荧光值，根据公式（9-5）计算换算系数 F_d：

$$F_d = \frac{\rho_{Chl\text{-}a}}{R_b R_a} \qquad (11\text{-}5)$$

式中，F_d 为量程档"d"的换算系数，单位为 mg/m^3；

$\rho_{\text{Chl-a}}$ 为叶绿素 a 标准系列的浓度,单位为 mg/m^3;

R_b 为酸化前的荧光值;

R_a 为酸化后的荧光值。

(2) 海水样品中叶绿素 a 的含量按照公式(11-6)计算,将数据计入表11-1中。

$$c_a(\text{mg/m}^3) = F_d \frac{R}{R-1}(R_b - R_a)\frac{V_{\text{丙酮}}}{V_{\text{海水}}} \tag{11-6}$$

因 $R = \dfrac{R_b}{R_a}$,故(11-6)式成为(11-7)式:

$$c_a(\text{mg/m}^3) = F_d \times R_b \frac{V_{\text{丙酮}}}{V_{\text{海水}}} \tag{11-7}$$

式中,R_b 为酸化前的荧光值

R_a 为酸化后的荧光值

R 为叶绿素 a 酸化因子(随仪器而异)

$V_{\text{丙酮}}$ 为丙酮提取液体积(cm^3)

$V_{\text{海水}}$ 为过滤海水体积(dm^3)

F_d 为荧光计所用量程换算因子(mg/m^3)

表 11-1　荧光法测定叶绿素数据记录表

空白测定	量程档									
	F_{0_1}									
	F_{0_2}									
	F_0									
序号	采样时间	过滤水样量(dm^3)	提取瓶号	量程档	换算系数 F_d	酸化前荧光读数 R_b	酸化前荧光读数 R_a	叶绿素a含量(mg/m^3)	脱镁叶绿素a含量 mg/m^3	备注
1										
2										
…	…	…	…	…	…	…	…	…	…	…

(3) 根据公式(11-4),利用前面得到的 F_d 和叶绿素 a 含量计算同化系数 Q。

(4) 根据公式(11-3),计算采样水域的初级生产力水平。

七、问题讨论

(1) 为何要将过滤后的滤膜冷冻、解冻 3 次?

(2) $MgSO_4$ 悬浊液起到什么作用?

（3）水样为何要保存在棕色或深色玻璃瓶中？

（4）为何抽滤时压力不可过大？

八、注意事项

（1）由于叶绿素 a 的吸收峰很陡，仪器波长稍有偏差，就会使结果产生很大的误差，因此要精确调波长。

（2）叶绿素一定要萃取完成，否则会造成测定误差。

附录11.1　分光光度法测定叶绿素的含量

1. 原理

将一定量水样用玻璃纤维滤膜过滤,收集藻类,使用超声波破碎法对藻类细胞进行破碎,用90%丙酮溶液提取叶绿素。叶绿素a、b、c的丙酮萃取液在红外波段各有一个吸收峰,用分光光度计测定萃取液在不同波长下的吸光值,根据公式(11-8)~(11-10)计算海水中的叶绿素a、b、c:

$$叶绿素\ a = 11.85A_{664} - 1.54A_{647} - 0.08A_{630} \tag{11-8}$$

$$叶绿素\ b = 21.03A_{647} - 5.43A_{664} - 2.66A_{630} \tag{11-9}$$

$$叶绿素\ c = 24.52A_{630} - 1.67A_{664} - 7.60A_{647} \tag{11-10}$$

式中,A为经750 nm波长校正后的吸光度,即A值应扣除A_{750}的数值,光程用1 cm比色皿。

由于叶绿素a是浮游植物任一种群都具有的特征,而b或c不是任一种群都有,因此,通常用叶绿素a(Chl-a)表示初级生产力水平,其计算式为:

$$c_a(\text{mg/dm}^3) = \frac{c \times V_{丙酮}}{V_{海水}} \tag{11-11}$$

式中,c为丙酮萃取液中叶绿素a的浓度,mg/dm³[用式(11-8)];测定的结果用(11-8)式测定的结果。

$V_{丙酮}$为丙酮体积,cm³;

$V_{海水}$为海水体积,dm³。

按照式(11-12)~(11-14)计算水体中叶绿素的浓度:

$$\rho_{\text{Chl-a}} = \frac{[11.85(A_{664} - A_{750}) - 1.54(A_{647} - A_{750}) - 0.08(A_{630} - A_{750})]V_1}{V_2 L} \tag{11-12}$$

$$\rho_{\text{Chl-b}} = \frac{[21.03(A_{647} - A_{750}) - 5.43(A_{664} - A_{750}) - 2.66(A_{630} - A_{750})]V_1}{V_2 L} \tag{11-13}$$

$$\rho_{\text{Chl-a}} = \frac{[24.52(A_{630} - A_{750}) - 7.60(A_{647} - A_{750}) - 1.67(A_{664} - A_{750})]V_1}{V_2 L} \tag{11-14}$$

式中,$\rho_{Chl\text{-}a}$ 为水样中叶绿素 a 的质量浓度,$\mu g/dm^3$;

$\rho_{Chl\text{-}b}$ 为水样中叶绿素 b 的质量浓度,$\mu g/dm^3$;

$\rho_{Chl\text{-}c}$ 为水样中叶绿素 c 的质量浓度,$\mu g/dm^3$;

A_{750} 为提取液在波长 750 nm 处的吸光度值;

A_{664} 为提取液在波长 664 nm 处的吸光度值;

A_{647} 为提取液在波长 647 nm 处的吸光度值;

A_{630} 为提取液在波长 630 nm 处的吸光度值;

V_1 为提取液体积,cm^3;

V_2 为水样体积,dm^3;

L 为比色皿光程,cm

2. 校正脱镁叶绿素 a

脱镁叶绿素 a 能干扰叶绿素 a 的测定,当含有脱镁叶绿素 a 时,应在测定叶绿素 a 的同时测定脱镁叶绿素 a 的含量,以校正干扰。校正脱镁叶绿素 a 时,分别测定酸化前后吸光池内的吸光度,根据公式(11-15)~(11-16)进行计算,以校正脱镁叶绿素 a 对叶绿素 a 的干扰:

$$\rho'_{Chl\text{-}a} = \frac{26.7\left[(A_{664} - A_{750}) - (A_{665a} - A_{750a})\right]V_1}{V_2 L} \tag{11-15}$$

$$\rho_{Phe\text{-}a} = \frac{26.7\left[(A_{664a} - A_{750a}) - (A_{665} - A_{750})\right]V_1}{V_2 L} \tag{11-16}$$

式中,$\rho'_{Chl\text{-}a}$ 为水样中校正脱镁叶绿素 a 后叶绿素 a 的质量浓度,$\mu g/dm^3$;

$\rho_{Chl\text{-}a}$ 为水样中脱镁叶绿素 a 的质量浓度,$\mu g/dm^3$;

A_{750} 为提取液酸化前在波长 750 nm 处的吸光度值;

A_{664} 为提取液酸化前在波长 664 nm 处的吸光度值;

A_{750a} 为提取液酸化后在波长 750 nm 处的吸光度值;

A_{665a} 为提取液酸化后在波长 665 nm 处的吸光度值;

V_1 为提取液体积,cm^3;

V_2 为水样体积,dm^3;

L 为比色皿光程,cm。

3. 试剂和材料

(1) 丙酮溶液(90%):在 900 cm^3 丙酮试剂中加 100 cm^3 纯水。

(2) $MgCO_3$ 悬浊液(1%):称取 $MgCO_3$(A. R)5 g,溶于 500 cm^3 去离子水中,搅拌成悬浊液。每次使用时应充分摇匀。

(3) 盐酸溶液(0.1 mol/dm^3):将 8.5 cm^3 浓盐酸加入 500 cm^3 去离子水中,冷

却至室温后稀释到 1 000 cm³。

4. 仪器和设备

（1）可见分光光度计。

（2）抽滤装置包括全玻滤器、支架、抽滤瓶和 0.70 μm 的 GF/F 玻璃纤维滤膜。

（3）真空泵。

（4）低温冰箱：能控制在 −40℃±1℃。

（5）离心机：转速能达到 3 000～4 000 r/min，宜使用带控温装置的离心机。

（6）具塞玻璃离心管：10 cm³ 或 15 cm³。

（7）铝箔、镊子等其他实验室常用材料。

5. 水样的采集和保存

（1）水样的采集。

根据不同的水体，采集 500～1 000 cm³ 水样于棕色玻璃瓶或深色塑料瓶中，每升水样加入 1 cm³ 1‰ 的碳酸镁悬浊液，以防止酸化引起的色素溶解。

（2）水样的保存。

水样应避光保存，低温运输。采样后 24 h 内进行过滤处理。

（3）水样的过滤、提取和离心：具体方法见荧光法。

（4）测定：将离心后的上清液倒入 1 cm 比色皿中，以 90% 丙酮溶液做参比液，分别在 750 nm、664 nm、647 nm 和 630 nm 波长处测定吸光度值，计入表 11-2 中。当含有脱镁叶绿素 a 时，应在测定叶绿素 a 的同时测定脱镁叶绿素 a 的含量。具体做法是：向装有离心上清液的 1 cm 比色皿内滴加 0.1 mol/dm³ 的盐酸溶液 40 μL（约 1 滴），酸化 20 min 后测定 750 nm、665 nm 波长处吸光度值。

6. 计算结果

根据表格 11-2 中记录的数据和公式（11-12）～（11-14）计算水体中叶绿素的浓度。

表 11-2　测定数据记录表

序号	实测深度 m	滤膜贮存瓶号	离心管号	刻度试管号	光密度值				海水中叶绿素浓度（mg/m³）			备注
					OD₇₅₀	OD₆₆₄	OD₆₄₇	OD₆₃₀	ρ(Chla)	ρ(Chlb)	ρ(Chlc)	
1												
2												
…	…	…	…	…	…	…	…	…	…	…	…	

附录 11.2　海水中溶解氧的测定

一、方法原理

一定量水样中,加入适量氯化锰及碱性碘化钾溶液,氯化锰与氢氧化钠生成白色的氢氧化锰沉淀,不稳定,能被水中溶解氧氧化为四价锰褐色沉淀,在酸性条件下四价锰与碘离子反应,生成与氧等剂量的游离碘,以淀粉做指示剂,用硫代硫酸钠标准溶液进行滴定,反应式如下:

$$MnCl_2 + 2NaOH \longrightarrow Mn(OH)_2 \downarrow (白) + 2NaCl$$
$$2Mn(OH)_2 \downarrow + O_2 \longrightarrow MnO(OH)_2 \downarrow$$
$$4Mn(OH)_2 \downarrow + O_2 + H_2O \longrightarrow 4Mn(OH)_3 \downarrow$$
$$2Mn(OH)_3 \downarrow + 6H^+ + 2I^- \longrightarrow 2Mn^{2+} + I_2 + 6H_2O$$
$$MnO(OH)_2 \downarrow + 4H^+ + 2I^- \longrightarrow Mn^{2+} + I_2 + 3H_2O$$
$$I_2 + S_2O_3^{2-} \longrightarrow S_4O_6^{2-} + 2I^-$$

二、仪器及试剂

1. 仪器

(1) 150 cm³ 棕色溶解氧样品瓶,3 个;

(2) 25 cm³ 溶解氧滴定管,1 支;

(3) 250 cm³ 碘量瓶,3 支;

(4) 2 cm³、1 cm³ 自动移液管,若干;

(5) 15 cm³ 移液管,

(6) φ4.5 cm 表面玻璃中,3 个;

(7) 洗瓶,1 只。

2. 试剂及其配制

(1) 氯化锰溶液:称取 MnCl₂ · 4H₂O(A.R)210 g,溶于 500 cm³ 去离子水中,贮存于试剂瓶中。

(2) 碱性碘化钾溶液:称取氢氧化钠(A.R)250 g 溶于 500 cm³ 去离子水中,冷却后加入碘化钾(A.R)75 g,贮存于棕色试剂瓶中。

(3) 硫酸溶液(1:1):1 体积浓硫酸倒入 1 体积去离子水中,冷却,贮存于试剂瓶中。

（4）硫酸溶液（2 mol/dm³）：100 cm³ 浓硫酸倒入 800 cm³ 去离子水中，冷却，贮存于试剂瓶中。

（5）硫代硫酸钠溶液（0.01 mol/dm³）：称取 25 g 硫代硫酸钠，用刚煮沸冷却的蒸馏水溶解，转移到棕色试剂瓶中，稀释至 10 dm³ 混匀，置于阴凉处，8～10 天后标定其浓度。

（6）淀粉溶液（0.5％）：称取 1 g 可溶性淀粉，用少量去离子水搅成糊状，加入到 200 cm³ 沸水中，淀粉即溶解。为了防止分解，可加入 0.1 g 水杨酸钠。

（7）碘酸钾溶液（0.001 667 mol/dm³）：称取 0.356 7 g 碘酸钾（一级及预先在 120℃烘 2 h，置于干燥器中冷却）溶于去离子水中，转移到 1 000 cm³ 容量瓶中，稀释至标线，混匀。

（8）碘化钾（固体）。

三、操作步骤

1. 取样及样品的固定

在采水器的龙头上，接上 20 cm 左右长乳胶管，乳胶管的另一端接上 10 cm 的洁净玻璃管。打开采水器上方气门，由龙头放出少量海水洗涤两次，然后把玻璃管插到溶解氧瓶底部（注意乳胶管内不得有气泡），放出少量海水洗涤溶解氧瓶（两次）弃去，再将玻璃管放在瓶的底部，慢慢注入海水（注意不要产生涡流），直到海水装满并溢出约瓶体积的一半时，将玻璃管慢慢抽出，关上龙头，立即用定量加液品插入液面下加入氯化锰溶液和碱性碘化钾溶液各 1 cm³，盖好瓶塞（注意不要有气泡），用手按住，将瓶上、下颠倒 30 余次，使之混合均匀。放在暗处，平行取 3 份水样进行固定。

2. 硫代硫酸钠溶液的标定

移取 15.00 cm³ 标准 KIO₃（0.001 667 mol/dm³）溶液，于 250 cm³ 碘量瓶中，加入 0.6 g KI，加入 2 cm³ 2 mol/dm³ H₂SO₄ 溶液，盖好瓶塞，混匀，加水封口，放暗处 2 min，打开瓶塞，加入 50 cm³ 蒸馏水，用 Na₂S₂O₃ 溶液滴定至淡黄色，加入 1 cm³ 0.5％淀粉溶液，继续用 Na₂S₂O₃ 溶液滴定至蓝色刚刚消失为止，记录读数 n。

同样的方法标定 3 次，每次滴定读数之差不大于 0.02 cm³。

硫代硫酸钠溶液的浓度按式（11-17）计算：

$$c_{Na_2S_2O_3} = \frac{6c_{KIO_3} \times V_{KIO_3}}{V_{Na_2S_2O_3}} \qquad (11\text{-}17)$$

式中，c_{KIO_3} 和 V_{KIO_3} 分别为碘酸钾溶液的浓度（mol/dm^3）和体积（此处为 15 cm^3）。$V_{Na_2S_2O_3}$ 为硫代硫酸钠溶液三次滴定体积的平均值。

3. 样品分析

水样固定 1 h 后，或沉淀到瓶高的一半时，即可进行滴定。如果样品较多，来不及分析，样品在阴凉处可存放 24 h，当夏季室温太高时，可把样品放在冷水中存放。

打开瓶塞，小心倒出部分上清液于 250 cm^3 三角瓶中，接着用自动移液管向样品瓶中加入 1∶1 的 H_2SO_4 溶液 1 cm^3，盖上瓶塞，上下颠倒数次，使沉淀完全溶解。然后小心地把溶液倒入同一三角瓶中，立即用硫代硫酸钠溶液滴定至淡黄色，加 0.5% 淀粉溶液 1 cm^3，继续用硫代硫酸钠溶液滴定到蓝色消失，再把溶液倒回一部分于原样品瓶中，荡洗之后再倒入原三角瓶中。此时溶液又变为蓝色，再用硫代硫酸钠溶液滴定到蓝色消失，记录滴定体积 n。

四、结果计算

根据上述反应，得知 1 mol 的硫代硫酸钠相当于 0.5 mol 氧原子，即 1 dm^3 1 mol/dm^3 硫代硫酸钠溶液相当于 8 g 氧，1 cm^3 0.01 mol/dm^3 硫代硫酸钠溶液相当于 0.08 mg 氧。因此在 0℃ 及 760 mm 汞柱时每毫克氧的体积为 1/1.429 2 cm^3，氧的含量应按式（11-18）计算：

$$c_{O_2} = \frac{n \times c_{Na_2S_2O_3} \times 0.08 \times \dfrac{1}{1.429\ 2}}{\dfrac{V-2}{1\ 000} \times 0.010\ 0} = \frac{V \times c_{Na_2S_2O_3} \times 0.056\ 04}{\dfrac{V-2}{1\ 000} \times 0.010\ 0} \tag{11-18}$$

式中，V 为滴定水样时，消耗 $Na_2S_2O_3$ 溶液的体积数（cm^3）；

$c_{Na_2S_2O_3}$ 为 $Na_2S_2O_3$ 溶液的物质的量浓度；

$V-2$ 为水样瓶的体积减去 2 cm^3 固定剂。

在海上，因进行大量样品分析，公式（11-18）可以进行以下简化：

令 $f = \dfrac{c_{Na_2S_2O_3}}{0.010\ 0}$，为硫代硫酸钠操作溶液的校正因子，即 1 cm^3 浓度为 c 的硫代硫酸钠溶液相当于浓度为 0.010 0 mol/dm^3 的毫升数，M 值根据公式（11-19）计算：

$$M = \frac{0.055\ 98}{\dfrac{V-2}{1\ 000}} = \frac{55.98}{V-2} \tag{11-19}$$

水样瓶的容积（V）经校正后为一定值。

将式（11-19）带入式（11-18），则式（11-18）可简化为：

$$O_2(10^{-3}) = nf\text{m} \tag{11-20}$$

式中，n 为滴定水样时，消耗 $Na_2S_2O_3$ 溶液的体积数（cm^3）。

同一水层的几个样品，其最后计算结果不应大于 0.06（cm^3/dm^3），取平均值。

如果溶解氧的含量用 mg/dm^3 表示，则

$$c_{O_2} = \frac{n \times c_{Na_2S_2O_3} \times 8}{V-2} \times 1\,000 \tag{11-21}$$

式中，符号的意义与式(11-18)相同。

五、技术指标和注意事项

（1）测定范围：$0.06 \sim 11.0$（cm^3/dm^3）（$5.3 \sim 1.0 \times 10^3\ \mu mol/dm^3$）

（2）检测下限：0.06（cm^3/dm^3）（$5.3\ \mu mol/dm^3$）

（3）精密度：氧含量 $\leqslant 1.8\ cm^3/dm^3$（$160\ \mu mol/dm^3$）时，标准偏差为 $\pm 3.13 \times 10^{-5}\ cm^3/dm^3$（$2.8 \times 10^{-3}\ \mu mol/dm^3$）；氧含量 $\geqslant 6.16$ 时，标准偏差为 $\pm 0.04\ cm^3/dm^3$（$4.0\ \mu mol/dm^3$）。

（4）控制滴定终点：指示剂不应过早加入，因为淀粉会吸附大量的碘，使碘析回溶液中的速度过慢，所以要等接近终点才加入，否则误差较大，溶液蓝色刚消失为终点。

（5）滴定接近终点，速度不宜太慢，否则终点变色不敏锐，若终点前溶液显紫色表示淀粉溶液变质。

附录 11.3　^{14}C 标记法测定海洋初级生产力

一、概述

测定海洋初级生产力的方法有多种，从 20 世纪前半叶广泛使用的黑白瓶测氧法、到后期发展起来的^{14}C 和^{18}O 标记法、叶绿素换算法（见该实验的方法一），以及起源于 20 世纪 70 年代中期的遥感数据推演法和近期出现的三氧同位素（$^{17}\Delta$）技术，测定方法不断完善和成熟。其中，^{14}C 标记法由丹麦科学家 Steemann Nielsen 在 1952 年提出，因其精确度高、操作简单、耗时短且费用低等特点，迅速取代以往流行的黑白瓶测氧法，成为目前为止最为经典与常用的初级生产力标准测试技术，被海洋学家广泛采用。我国学者针对该方法也进行过深入探讨，并将该方法广泛应用于对我国海域初级生产力的测定。

二、实验目的

掌握放射性同位素的测定方法；掌握^{14}C 标记法测定海洋初级生产力的方法并得到可靠结果。

三、实验原理

在海水中加入示踪剂（NaH^{14}CO$_3$）后，置于光照下培养，海水中的浮游植物通过光合作用吸收同化环境中的无机碳，并将其转化为有机物质。一段时间之后，过滤出水样中的颗粒有机物，并测定其中^{14}C 的放射性强度，从而计算出在该环境下浮游植物的初级生产力。

四、实验用品

1. 仪器设备

（1）125 cm^3 玻璃培养瓶，黑色和白色各 2 只。用前处理方法为：用 10% 盐酸溶液浸泡 24 h，先后用蒸馏水和高纯水淋洗后，于 120℃ 烘干 2 h。

（2）液体闪烁计数仪（PACKARD TRI-CARB4640）

（3）闪烁瓶，4 只。

（4）镊子。

2. 实验药品

（1）闪烁液（每 dm^3 含有 PPO 4 g，POPOP 0.1 g）；

（2）10% 盐酸溶液；

（3）浓盐酸：优级纯。

五、实验步骤

（1）分别向 2 个黑色和 2 个白色的 125 cm³ 玻璃培养瓶中加入 100.00 cm³ 海水。

（2）向培养瓶中各加入 7.4×10^4 Bq 的 NaH¹⁴CO₃ 溶液，混合均匀后盖紧，置于光照培养箱中培养 2 h。

（3）培养后，用 0.45 μm 的醋酸纤维滤膜过滤，用无 ¹⁴C 的海水冲洗滤膜两次。将滤膜装入闪烁瓶中，用浓盐酸熏蒸 10 h 以除去过量 NaH¹⁴CO₃。

（4）将滤膜冷冻干燥后，加入 10 cm³ 闪烁液，用液体闪烁计数仪测定放射性活度，白瓶的放射性活度用 R_s 表示，黑瓶的放射性活度用 R_b 表示。

（5）关闭仪器，清洗各玻璃瓶，实验结束。

六、结果计算

利用公式(11-23)计算初级生产力：

$$P_V \frac{(R_s - R_b) \cdot \rho(C)}{R \cdot T} \tag{11-23}$$

式中，P_V 为海洋初级生产力（以 C 计），单位为 mg/(m³·h)；

R 为加入 ¹⁴C 的总放射性，单位为 kBq；

R_s 为白瓶样品中 ¹⁴C 的放射性活度，单位为 kBq；

R_b 为黑瓶样品中 ¹⁴C 的放射性活度，单位为 kBq；

$\rho(C)$ 为海水中二氧化碳的总浓度，单位为 mgC/m³；

T 为培养时间，单位为 h。

七、方法说明

（1）此法的优点是灵敏度高，可用于贫营养型水体和大洋中初级生产力的测定，也可采用模拟法在室内进行工作。

（2）此法的缺点是设备和技术较难掌握，此外藻类分泌出的溶解有机质（胞外产物）流入滤液中，可能产生巨大的误差。因此，必须同时测定滤液中的放射性。如不需要区分细胞和胞外产物的产量时，可将曝光后的水样不经过滤直接测定其放射性。

（3）一般认为 ¹⁴C 法所得数值为净产量或接近于净产量，但大部分学者认为是介于净产量和总产量的一种数值。

（4）初级生产力取决于自养生物的现存量及其组成、养分、光、温度、水的运动以及动物的摄食等生态因子。

实验十二　BOD$_5$的测定及海水自净能力的估算 *

一、概述

海洋自净能力（marine self-purification capacity），是指海洋环境通过自身的物理过程、化学过程和生物过程而使污染物质的浓度降低乃至消失的能力，也可以理解为水体环境能够容纳污染负荷量的限度。海水自净能力通常表示为浓度下降率和污染物参数的变化率。

海水的快速自净主要取决于海域的环境动力条件（诸如风力、环流、水交换能力等）的稀释扩散和输移的物理过程，而化学环境（温度、盐度、酸碱度、氧化还原电位）和生物降解菌群的丰度对海水长期自净起着重要的作用。

海洋之所以拥有较强的自净能力，是因为：① 海水中含有大量的种类繁多的微生物，微生物对污染物的吸收利用和分解是海水中污染物最终消失的主要途径；② 大量的海水可以稀释污染物，使大部分污染物的浓度达到不影响环境的标准；③ 水体中的污染物可以通过沉淀、沉积物吸附等作用沉积到水底，形成沉积物或者被沉积物中的微生物分解；④ 通过太阳光照射发生光分解或者被海水中的氧氧化分解。因此，海洋自净是一个错综复杂的自然变化过程。按其发生机理可分为：物理净化，化学净化和生物净化。三种过程相互影响，同时发生或相互交错进行。一般说来，物理净化是海洋自净中最重要的过程。

海域的自净能力越强，净化速度越快。净化速度一般表示为浓度下降率或与污染物有关参数的变化率。对于海水自净能力的估算，可采用现场跟踪污染带调查的方法，选用某个指标为参数（如选择 COD、BOD 等指标）跟踪污水流向，在距污水口不同距离采样进行分析，结果可得到污水带中某个指标随距离的变化曲线。根据这一变化曲线和海区的潮流流速就可求得该海区水体的天然净化能力——半净化期。环境科学工作者常借助于净化常数或半净化期的测定来比较和研究不同水系的自然净化能力。

生活污水、工厂排水是水环境有机污染的主要来源。这些有机质在水环境中由于微生物的氧化分解而被净化，当净化过程受阻或超负荷时，水质将严重恶化。水体中有机物在微生物降解的生物化学过程中，消耗水中溶解氧。这种溶解氧的消耗通常用生化需氧量（BOD）表示，它是指水体中有机物在被好氧微生物分解氧化过程中所消耗溶解氧的量，是反映水质有机污染最常用的指标之一。一般培养五天,称为五日生化需氧量(BOD₅)。本实验采用 BOD₅ 的数值变化来跟踪污染带的消亡过程。

在采用 BOD₅ 为测定参数时,其数值随排污点距离变化的曲线如图 12-1 所示。根据这一变化曲线和海区的潮流流速就可求得该海区水体的天然净化能力——半净化期。本实验通过净化常数或半净化期的测定来测定海水的自然净化能力。

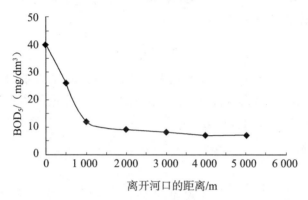

图 12-1　污水带中 BOD₅ 浓度随距离的变化

二、实验目的

(1)掌握五日生化需氧量(BOD₅)的测定方法;

(2)估算海域水体的天然自净能力。

三、实验原理

有关研究表明,污染物排放入海后的净化速度可用一级反应的动力学方程来描述,其表达式为:

$$-\frac{\mathrm{d}c}{\mathrm{d}t}=k_1 c \tag{12-1}$$

将(12-1)式积分得:

$$c=c_0 e^{-k_1 t} \tag{12-2}$$

如果选择 BOD₅ 为污染物指标,则式(12-2)中 c_0 为初始的 BOD₅ 值,即排污口的 BOD₅ 值;c 为 t 时刻的 BOD₅ 值即 t 时刻剩余的 BOD₅ 值;k_1 为净化常数(1/天);t 为时间,单位为天。

由于污染物净化时间 t 等于水流过的距离(S)除以水流速度(v),故(12-2)式可写为:

$$c=c_0 e^{-k_1 \frac{S}{v}} \tag{12-3}$$

对于特定海区水流流速是可测值,因此可并入常数项,即令 $K_1 = k_1/v$,则

(12-3)式可改写成：

$$c = c_0 e^{-K_1 S} \qquad (12\text{-}4)$$

式中，S 为距排污口的距离（单位为米），若将式(12-4)取自然对数则有：

$$\ln c = \ln c_0 - K_1 S \qquad (12\text{-}5)$$

由式(12-5)可知，$\ln c$ 对 S 作图可得一直线，该直线斜率即为净化系数 K_1(1/m)。此外，若定义 $S_{1/2}$ 为污染物浓度衰减一半时的距离(m)，则由式(12-6)可知某海区水体的半净化期为：

$$S_{\frac{1}{2}} = \frac{\ln 2}{K_1} \qquad (12\text{-}6)$$

由式(12-6)可以看出：净化常数愈大，半净化期愈短，自净能力愈强。

本实验以 BOD_5 为污染物指标，分析测定距排污口不同距离水样的 BOD_5 值，并由此估算水体的天然自净能力。

四、仪器与试剂

1. 仪器

(1) 自动调温生化培养箱：不透光，以防光合作用产生溶解氧(DO)。

(2) 培养瓶：250 cm^3 特制的 BOD 瓶(具磨口塞和供水封用的喇叭口)。

(3) 大玻璃槽：20 dm^3。

(4) 量筒：2 000 cm^3。

(5) DO 滴定设备一套。

2. 试剂

(1) 氯化钙溶液(27.5 g/dm^3)：溶解 27.5 g $CaCl_2$ 于水中稀释至 1 dm^3。

(2) 三氯化铁溶液(0.25 g/dm^3)：溶解 0.25 g $FeCl_3 \cdot 6H_2O$ 于水中，稀释至 1 dm^3。

(3) 硫酸镁溶液(22.5 g/dm^3)：溶解 22.5 g $MgSO_4 \cdot 7H_2O$ 于水中，稀释至 1 dm^3。

(4) 磷酸盐缓冲溶液(pH=7.2)：溶解 8.5 g KH_2PO_4，21.75 g K_2HPO_4，33.4 g $Na_2HPO_4 \cdot 7H_2O$ 和 1.7 g NH_4Cl 于约 500 cm^3 水中，稀释至 1 dm^3。

(5) 测定 DO 所需试剂。

五、实验步骤

1. BOD_5 的测定

(1) 稀释水的制备。

BOD_5 测定需用特制稀释水，其作用是为分解水样中的有机物提供必要条件和适宜的环境。水中有机质越多,生物降解需氧量越多。一般水中溶解氧有限,因此,须用氧饱和的蒸馏水稀释。为提高测定的准确度,培养后减少的溶解氧要求占培养前溶解氧的 $40\%\sim70\%$ 为适宜。稀释水需要满足:① 氧气含量充分,即 $20℃$ 时,$DO>8$ mg/dm^3;② 含有微生物生长所需的营养物质,如 Na^+、K^+、Ca^{2+}、Mg^{2+}、Fe^{3+}、N、P 等;③ 具有一定的缓冲作用,pH 值维持在 7 左右($6.2\sim8.5$),此时微生物活动能力最强(否则会改变其正常生化作用);④ 稀释水本身的有机物含量低,$BOD_5<0.2$ mg/dm^3。

配制方法:在 20 dm^3 大玻璃槽中加入一定体积的水,经过曝气后($8\sim12$ h),使溶解氧接近饱和,盖严静置,备用。使用前于每升水中加磷酸盐缓冲溶液、硫酸镁溶液、氯化钙溶液、三氯化铁溶液各 1 cm^3,混匀。

(2)水样采集和培养。

水样采集后应该在 6 h 内开始分析,若不能及时分析,则需在 $4℃$ 或者 $4℃$ 以下保存,而且不得超过 24 h,并将贮存时间和温度与分析结果一起报告。

(3)对未受污染海区的水样,可以直接取样。分装样品时,虹吸管的玻璃管部分需要插入溶解氧瓶的底部,慢慢放水,不能出现涡流,避免带入气泡。直接测定当天水样(DO_1)和经过五天培养后水样中溶解氧(DO_2)的差值,即为五日生化需氧量。平行测 2 份水样。

(4)对于已受污染海区的水样,必须用稀释水稀释后再进行培养和测定。水样稀释的倍数是测定的关键。稀释倍数的选择可根据培养后溶解氧的减少量而定,剩余的溶解氧至少有 1 mg/dm^3。一般采用 $20\%\sim75\%$ 的稀释量。在不了解水质的情况下,可对每个水样同时作 $2\sim3$ 个不同的稀释倍数。

(5)稀释方法:取一定体积的水样于 $1\,000$ cm^3 量筒中,用虹吸管从缸中引入稀释水稀释,同时用玻璃棒上下搅动,稀释后水样装入培养瓶中,注意水样要充满,并轻敲瓶身,然后盖紧瓶塞,封口,测定培养 5 天前后的溶解氧值 DO_1 和 DO_2。另取 2 个培养瓶,全部装入稀释水,盖紧,封口,作为空白,测定培养 5 天前后的溶解氧值 DO_3 和 DO_4。

2. 海水自净能力的估算

选择一入海排污口,沿污水流向,在不同距离采集水样,水样的序号与距离如表 10.1。按 BOD_5 测定方法测出各站位的 BOD_5 值。

六、结果计算

1. 按式(12-7)计算五日生化需氧量

$$BOD_5 = \frac{(DO_1 - DO_2) - (DO_3 - DO_4) \times f_1}{f_2} \tag{12-7}$$

式中,BOD_5 为五日生化需氧量,mg/dm^3;

　　DO_1 为样品在培养前的溶解氧,mg/dm^3;

　　DO_2 为样品在培养后的溶解氧,mg/dm^3;

　　DO_3 为稀释水在培养前的溶解氧,mg/dm^3;

　　DO_4 为稀释水在培养后的溶解氧,mg/dm^3;

　　$f_1 = \dfrac{V_3}{V_3+V_4}, f_2 = \dfrac{V_4}{V_3+V_4}$,其中 V_3 为稀释水的体积(cm^3),V_4 为水样的体积(cm^3)。

　　2. 海水净化能力的估算

　　根据表 10-1 中的数据,进行下列计算:

　　(1) 作污水带中 BOD_5 随距离变化的曲线。

　　(2) 将 $\ln c$ 对 S 作图,按公式(12-5)求净化常数 K_1;

　　(3) 按公式(12-6)和已经求得的净化系数 K_1,求该海域水体的半净化期 $S_{1/2}$。

表 12-1　污水带中 BOD_5 随距离的变化

水样序号	1	2	3	4	稀释水(空白)
距离排污口距离(米)	0	200	1 000	2 000	
BOD_5(mg/dm^3)					

七、注意事项和说明

　　(1) 配制试剂和稀释水所用的蒸馏水均为高纯水,即 Milli-Q 水。

　　(2) 稀释水也可以采用新鲜天然海水,稀释水应保持在 20℃ 左右,并且在 20℃ 培养五天后,溶解氧的减少量在 0.5 mg/dm^3 以下。实验自始至终用同一缸稀释水。

　　(3) 水样在培养期间,培养瓶封口处应始终保持有水,可用纸或塑料帽盖在喇叭口上以减少培养期间封口水的蒸发。经常检查培养箱的温度是否保持在 (20±1)℃。样品在培养期间不要见光,以防光合作用产生溶解氧。

　　(4) 培养 5 天后测 DO 时,需要重新标定 $Na_2S_2O_3$ 的浓度。

　　(5) 为使测定正确,尤其对初次操作者来说,可以用标准物质进行校验。常用的标准物质有葡萄糖和谷氨酸混合液。将葡萄糖和谷氨酸在 103℃ 烘箱中干燥 1 h,精确称取葡萄糖 150 mg 加谷氨酸 150 mg 溶解在 1 000 cm^3 蒸馏水中,其 20℃ 时 BOD_5 为(200±37) mg/dm^3。

　　(6) BOD 的测定也可以用数字式 BOD_5 测定仪测定,详见附录 12,但其准确度比手工法低。

（7）有时为了缩短实验周期，可以测定二日生化需氧量（BOD_2）；其测定与 BOD_5 一样，只是培养温度为30℃，培养时间为2 d。BOD_2 与 BOD_5 之间换算有一关系式：

$$BOD_5^{20} = 1.171 \times BOD_2^{30} \tag{12-8}$$

附录 12　微生物传感器法快速测定生化需氧量(BOD)

一、原理

测定水中 BOD 的微生物传感器由氧电极和微生物菌膜构成,其原理是当含有饱和溶解氧的水样进入流通池中与微生物传感器接触,样品中溶解性可生化降解的有机物受到微生物菌膜中菌种的作用,而消耗一定量的氧,使扩散到氧电极表面上氧的质量减少。当样品中可生化降解的有机物向菌膜扩散速度(质量)达到恒定时,此时扩散到氧电极表面上氧的质量也达到恒定,因此产生一个恒定电流。由于恒定电流的差值与氧的减少量存在定量关系,据此可换算出水样中的 BOD。

二、试剂和仪器

1. 试剂

(1) 高纯水:高纯水使用前应煮沸 2～5 min,放置室温后使用。

(2) 磷酸盐缓冲溶液:0.5 mol/dm^3。

(3) 将 68 g 磷酸二氢钾(KH$_2$PO$_4$)和 134 g 磷酸氢二钠(Na$_2$HPO$_4$)溶于纯水中,稀释至 1 000 cm^3,备用。此溶液的 pH 值约为 7。

(4) 磷酸盐缓冲液(清洗液):0.005 mol/dm^3。

(5) 盐酸(HCl)溶液:0.5 mol/dm^3。

(6) 氢氧化钠(NaOH)溶液:20 g/dm^3。

(7) 亚硫酸钠(Na$_2$SO$_3$)溶液:1.575 g/dm^3,此溶液不稳定,使用前配制。

(8) 葡萄糖—谷氨酸标准溶液:

称取在 103℃下干燥 1 h 并冷却至室温的无水葡萄糖和谷氨酸各 1.705 g,溶于 4.2 g 磷酸盐缓冲溶液的使用液中,并用此溶液稀释至 1 000 cm^3,混合均匀即得 2 500 mg/dm^3 的 BOD 标准溶液。

(9) 葡萄糖—谷氨酸标准使用溶液(临用前配制)

取上述标准溶液 10.00 cm^3 置于 250 cm^3 容量瓶中,用 0.005 mol/dm^3 磷酸盐缓冲使用液定容至标线,摇匀,此溶液浓度为 100 mg/dm^3。

2. 仪器

(1) 微生物传感器 BOD 快速测定仪(仪器和工作原理如图 12-2 和 12-3 所示)。

（2）微生物菌膜：菌膜内菌种应均匀，膜与膜之间的菌种数量应尽可能一致。其保存方法能湿法保存也可在室温下干燥保存。微生物菌膜的连续使用寿命应大于 30 d。

（3）微生物菌膜的活化：将微生物菌膜放入 0.005 mol/dm³ 磷酸盐缓冲使用液中浸泡 48 h 以上，然后将其安装在微生物传感器上。

（4）10 dm³ 聚乙烯塑料桶。

三、操作步骤

1. 样品的贮存

样品采集后不能在 2 h 内分析时，应在 0～4℃ 的条件下保存，并在 6 h 内分析，当不能在 6 h 内分析时，则应将贮存时间和温度与分析结果一起报出。无论在何种条件下贮存绝不能超过 24 h。

2. 样品的预处理

中和：如果样品的 pH 值不在 4～10 之间，可用盐酸溶液或氢氧化钠溶液，将样品中和至 pH 值 7 左右。

3. 测试样品的准备

将样品放置至室温。地表水样品可不用稀释（无特殊情况）直接用仪器测定；生活污水和工业废水可根据经验或预期 BOD 值确定稀释倍数，使其 BOD 值控制在 50 mg/dm³ 以下后作为待测样品。

4. 样品的测定

测定前应先开启仪器，用磷酸盐缓冲使用液清洗微生物传感器至电位 E_0（或电流 I_0）稳定。

5. 工作曲线的绘制

取 5 支 50 cm³ 具塞比色管，分别加入葡萄糖－谷氨酸标准使用溶液 1.50 cm³、3.50 cm³、7.50 cm³、12.50 cm³、25.00 cm³，用 0.005 cm³/dm³ 磷酸盐缓冲液稀释至标线，摇匀；进样分别测出电位 E_0（或电流 I_0）差值（此差值与 BOD 浓度成正比）；用 5 个不同标准溶液的浓度和对应电位差 ΔE（或电流差 ΔI）绘制工作曲线。

6. 样品的测定

取预处理后的样品 50 cm³ 加入 0.5 mol/dm³ 磷酸盐缓冲溶液，摇匀后进行测定。

四、结果计算

直接读取仪器显示测定浓度值，或由工作曲线查得水样中 BOD 浓度，单位为 mg/dm³。

五、注意事项

1. 使用的玻璃仪器及塑料制品要认真清洗,容器壁上不能存有毒物或生物可降解的化合物,操作中应防止污染。

2. 由于进样量可调控,但无论何种情况单个样品的进样量不应小于 $10~cm^3$。

3. 为缩短测定周期,最好将水样中 BOD 值稀释至 $25~mg/dm^3$ 左右。

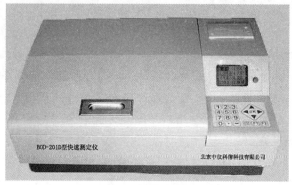

图 12-2　BOD 传感器外观图

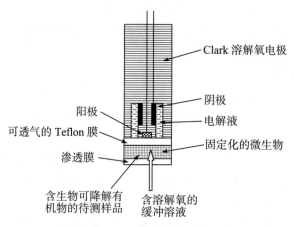

图 12-3　传感器原理图

实验十三 海水中氮的形态及转化*

一、概述

氮是海洋生物必不可少的营养元素之一,在食物链的传递过程中从无机氮转化为有机氮,又从有机氮转化为无机氮,不断循环。在河口和海湾等沿岸水域,它的分布变化在物理方面与沿岸城市污水排放、地面径流和大气等的入海通量以及海洋潮流、上升流和涡动扩散等的作用有关;在化学方面与水体中氧化、还原反应以及浮游生物的生长繁殖、生物分泌排泄物与死亡生物碎屑的氧化分解再生等因素密切相关。因此,研究海洋中各形态氮的相互转化,对了解海洋中氮的生物地球化学循环过程具有重要的意义。

本实验在浮游生物作用下,监测海水中各形态氮的相互转化规律,研究氮在自然环境下的迁移转化规律。

二、实验目的

掌握海水中总氮和各形态无机氮的测定方法;通过实验现象和结果,了解各形态氮的相互转化作用规律。

三、实验原理

海洋中的浮游植物通过光合作用,合成有机物。合成的有机物中含有相当一部分有机氮化合物,这些有机氮化合物在细菌作用下,发生分解反应,生成各种形式的无机氮,包括硝氮(NO_3-N)、亚硝氮(NO_2-N)和氨氮(NH_4-N)。随时间的推移,氮的存在形式会发生变化,但总量不变。

总氮测定方法的原理为:在碱性条件下,用过硫酸钾把有机氮氧化成无机氮之后,按照无机氮的测定方法(见附录13)测定无机氮的浓度,最后进行定性计算,得到总氮的浓度。

无机氮包括3种存在形式,均采用分光光度法测定。其中,NO_2-N 与磺胺和 α-萘乙二胺反应生成红色化合物,通过比色法,测定待测溶液中 NO_2-N 的含量。NO_3-N 的测定采用镉铜还原法,将 NO_3-N 还原成 NO_2-N 之后,用 NO_2-N 的测定方法比色测定。NH_4-N 被碱性次溴酸钠氧化成 NO_2-N 之后,用 NO_2-N 的测定方法比色测定。

四、仪器和试剂

1. 仪器

(1) 光照培养箱:可以控制温度和光照度。

(2) 50 cm³ 锥形瓶,若干。

(3) 营养盐自动分析仪。

(4) 过滤设备包括 0.45 μm 孔径滤膜、滤器、真空泵等。

2. 试剂

(1) 藻种:实验室常见藻种。

(2) 测定各形态氮所需试剂,详见附录 13。

(3) $f/2$ 培养液所需试剂,具体为表 $f/2$ 培养液配方(Guillard.1962)。

营养盐:

	工作液(mg/cm³)	母液(g/cm³)
A:$NaNO_3$	75 mg	75 g
B:$NaH_2PO_4 \cdot H_2O$	5 mg	5 g
C:$Na_2SiO_3 \cdot 9H_2O$	20 mg	20 g
D:Na_2EDTA	4.36 mg	4.36 g
微量元素:		
$FeCl_3 \cdot 6H_2O$	3.16 mg	3.16 g
$CuSO_4 \cdot 5H_2O$	0.01 mg	0.01 g
$ZnSO_4 \cdot 7H_2O$	0.023 mg	0.023 g
$CoCl_2 \cdot 6H_2O$	0.012 mg	0.012 g
$MnCl_2 \cdot 4H_2O$	0.18 mg	0.18 g
$Na_2MoO_4 \cdot 2H_2O$	0.07 mg	0.07 g
维生素:		
维生素 B_1	0.1 μg	0.1 mg
维生素 B_{12}	0.5 μg	0.5 mg
生物素	0.5 μg	0.5 mg

五、实验步骤

1. 微藻的准备

在 5 dm³ 的锥形瓶中,加入 3 dm³ 用 0.45 μm 孔径滤膜过滤的海水,加入 $f/2$ 配方所需溶液和微藻藻种,在温度为 20℃的光照培养箱中培养 7~10 d,明暗比为 12:12。

2. 藻液的过滤

用 $0.45\mu m$ 孔径滤膜过滤藻液,将滤液放入洗净的锥形瓶中。测定其中的总氮和各形态无机氮的浓度。各形式浓度分别记为:c_{TN}^0,$c_{NO_3}^0$,$c_{NO_2}^0$,$c_{NH_4}^0$。其他过滤的藻液放在光照培养箱中,在 20℃条件下避光培养。

3. 24 h 之后,取一定量的培养液,测定总氮和各形态无机氮的浓度。各形式浓度分别记为:c_{TN}^1,$c_{NO_3}^1$,$c_{NO_2}^1$,$c_{NH_4}^1$。以后,每 48 h 取样一次,各浓度分别记为:c_{TN}^n,$c_{NO_3}^n$,$c_{NO_2}^n$,$c_{NH_4}^n$(n 为 $2,3,\cdots,n\geqslant7$)。

六、结果计算

(1)根据每次测定的各形态无机氮的浓度,绘制各形态氮浓度随时间的变化曲线。

(2)分析不同时间各存在形式的百分含量。

(3)分析细菌对周围环境氮的分解利用情况。

七、思考题

(1)查阅文献,了解藻类生长的影响因素和释放有机物的生长阶段。

(2)查阅文献,分析细菌分解有机物的影响因素。

附录 13　海水中总氮的测定

一、方法原理

在碱性介质中,用含硼酸的过硫酸钾氧化海水中各种形式的有机氮和氨氮,使之定量地产生硝酸盐,把氧化所得到的硝酸盐以镉—铜还原法还原为亚硝酸盐,通过重氮—偶氮反应显色测定。

二、仪器和试剂

1. 仪器

(1)营养盐自动分析仪(或分光光度计)。

(2)电子台秤。

(3)pH 计。

2. 试剂

(1)标准溶液。

① NO$_3$-N 储备液(10 mmol/dm^3):准确称取 0.506 0 g KNO$_3$(110℃干燥 1 h)溶于 1 000 cm^3 重蒸水中,加 1 cm^3 氯仿。试剂可稳定半年。

② NO$_3$-N 使用液(100 μmol/dm^3):1 cm^3 储备液定容至 100 cm^3,现用现配。

③ 有机氮储备液(10 mmol/dm^3):准确称取 0.931 0 g Na$_2$EDTA(A. R)定容至 500 cm^3 重蒸水中,置于冰箱中,可稳定 1~2 个月。

④ 有机氮使用液(1 mmol/dm^3):10.0 cm^3 储备定容至 100 cm^3,现用现配。

(2)氧化剂:5 g K$_2$S$_2$O$_8$ 和 3 g H$_3$BO$_3$ 溶于 100 cm^3 0.375 mol/dm^3 NaOH 溶液中。

(3)NaOH 溶液(0.375 mol/dm^3):15 gNaOH 溶于约 1 200 cm^3 Milli-Q 水煮沸蒸发至 1 000 cm^3。

(4)提纯 K$_2$S$_2$O$_8$:16 g 优级纯 K$_2$S$_2$O$_8$ 溶于 100 cm^3 Milli-Q 水中,水浴至 70~80℃,冷却至 0℃过滤干燥。

(5)提纯 H$_3$BO$_3$:100 g 优级纯 H$_3$BO$_3$ 溶于 800 cm^3 Milli-Q 水中,加热至全溶(温度低于 70℃),趁热过滤,滤液冷却后取出结晶,重复操作两次,干燥。

(6)NH$_4$Cl 缓冲液:10 g NH$_4$Cl 溶于 1 000 cm^3 重蒸水中,以浓氨水(约

1.5 cm³)调节 pH 至 8.5 左右,试剂稳定。

（7）显色剂。

① 磺胺:5 g 对氨基苯磺酰胺溶于 300 cm³ 盐酸溶液(1∶5)中,用高纯水稀释至 500 cm³,可稳定数月。

② α-萘乙二胺盐酸盐:0.5 g α-萘乙二胺盐酸盐溶于 500 cm³ 高纯水中,用棕色瓶避光冷藏,可稳定 1 个月,出现棕色表示试剂失效。

三、测定步骤

1. 工作曲线

（1）移取 NO_3-N 使用液 0 cm³,2.50 cm³,5.00 cm³,7.50 cm³,10.00 cm³,12.50 cm³ 于 50.0 cm³ 比色管(A_b,A_1-A_5)中,用 Milli-Q 水稀释至 50.0 cm³,即得浓度为 0 μmol/dm³,5.0 μmol/dm³,10.0 μmol/dm³,15.0 μmol/dm³,20.0 μmol/dm³,25.0 μmol/dm³ 的 NO_3-N 溶液,加入氧化剂 5.0 cm³,另取一支比色管($A_{b/2}$),加入 52.5 cm³ Milli-Q 水和 2.5 cm³ 氧化剂。

（2）分别移取有机氮使用液 0.5 cm³ 于两支 50.0 cm³ 比色管(A_{d1},A_{d2})中,用 Milli-Q 水稀释至 50.0 cm³,即得浓度为 10.0 μmol/dm³ 有机氮溶液,各加入氧化剂 5.0 cm³。

（3）将溶液倒入消化瓶中,盖紧瓶塞,摇匀,在消化釜中于 120℃(约两个大气压)消化 30 min,冷却至室温,打开瓶塞,倒出少许溶液以清洗瓶口,取出 10 cm³ 测定总氮。

（4）将 10 cm³ 消化液加入 10 cm³ NH_4Cl 缓冲液,通过镉-铜还原柱,取流出液的中间段 10 cm³,加入 0.4 cm³ 磺胺,摇匀,2 min 后,加入 0.4 cm³ α-萘乙二胺,摇匀,15 min 后 2 h 内用 1 cm 比色皿于 540 nm 波长处测定吸光值。(半倍试剂的消化液过柱后加入 0.2 cm³ 磺胺和 0.2 cm³ α-萘乙二胺。)

2. 水样的测定

（1）称取 50.0 g 水样,加入 5 cm³ 氧化剂,倒入消化瓶中,盖紧瓶盖,摇匀,放入消化釜中于 120℃ 消化 30 min,冷却后取出,振荡使絮状沉淀完全消失。冷却至室温后取出测定总氮,测定方法同 1 中(4)步骤。

（2）如果振荡后溶液仍有混浊,取过柱后未加显色剂的溶液直接测定其吸光值得总氮浊度,用 As 表示。

四、结果计算

（1）根据 A_b、A_1～A_5 管的吸光值计算出工作曲线的斜率 k,另可计算出试剂空白 $A_{rb}=2(A_b-A_{b/2})$;

（2）有机氮消化效率的计算：

$$\eta = \frac{\{\left[(A_{D1} + A_{D2})/2 - A_b\right]/k\}}{c} \times 100\%$$

（3）水样的吸光值为 $A = At - As - Ac$ （Ac 为液槽空白）；

（4）水样中总氮含量的计算：

$$c_{TN} = \frac{(A - A_{rb})}{k}$$

图 13-1　QuAATro 快速海水营养盐连续流动分析仪

第五部分　海洋化学中的界面作用

　　海洋中的化学反应,在很大程度上被发生在界面上的各种现象所制约。这是由于大洋海水被地球上两个最宽广的界面所包围:一个是海洋与上面大气发生接触的界面;另一个是海洋与洋底沉积物发生接触的界面。除此之外,还有与海洋发生接触的生物圈,即海-生界面以及河流与海洋交汇处的海河界面,同样对于海洋中物质的来源具有重要作用。事实上,在海洋上,除了温度、压力和溶解物质的浓度变化对离子平衡发生调节作用之外,几乎很难再找出海洋中有什么化学反应不是在这样或那样的界面上进行的。因此,界面作用在海洋化学研究中具有特别重要的地位。

　　在本章中,将介绍几种发生在界面上的反应和过程,让读者对发生在界面过程中的化学反应有一个直观的认识。

实验十四　铜在固体颗粒物上的吸附 *

一、概述

海水中含有大量的固体粒子,具有胶体化学或表面化学特性,这些固体粒子上微量元素的液—固分配,遵循着低浓度的界面化学和胶体化学的规律,是探讨海洋中元素迁移变化规律的理论基础,是河口化学的重要内容,是海洋污染和防护的基础研究,也是海洋化学资源提取的基础研究。海洋中离子在固体界面上的交换作用对元素的生物地球化学行为有重要的贡献,而且这种界面化学作用可能对海水 pH 的形成有重要影响。

天然水体中的固相粒子主要由水合氧化物、黏土矿物和 HA、FA 等有机物组成。水合氧化物是无机离子交换剂中最重要的一类物质,主要是二价和三价的金属氧化物,其结构如图 14-1 所示。

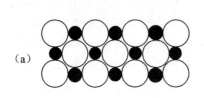
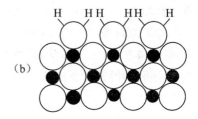
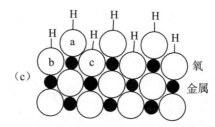

(a)代表金属氧化物;(b)代表水分子到达氧化物表面;(c)代表水合氧化物

图 14-1　水合氧化物表面层的断面图

黏土是一类具有复杂的铝硅酸盐结构的天然矿物,是一种无机离子交换剂,也是海洋中悬浮粒子和沉积物的主要成分。黏土矿物的主要成员有伊利石、高岭石、蒙脱石、绿泥石和蒙皂石等,其结构如图 14-2 所示。

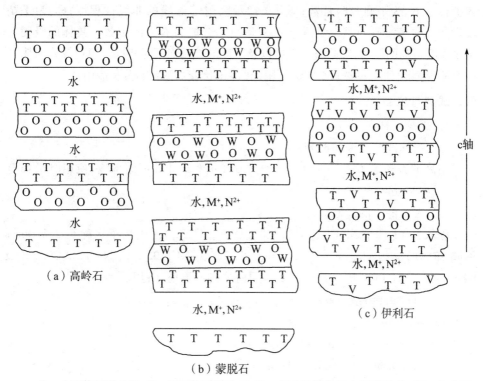

（a）高岭石　　（b）蒙脱石　　（c）伊利石

O—八面体铅酸盐层；T—四面体硅酸盐层；V—在四面体位置上同晶取代；W—在八面体位置上同晶取代

图 14-2　高岭石、伊利石、蒙脱石结构差异示意图

由图 14-2 可见，黏土矿物为层状结构，层与层之间为水分子和金属离子。

固体粒子对金属的吸附解析作用对海洋中金属元素的循环和迁移转化具有重要作用。本实验以铜为例，探讨金属离子和固体粒子的相互作用。

二、实验目的

了解海水中离子在沉积物上的吸附过程；掌握不同因素对吸附的影响，并探讨吸附机理。

三、实验原理

目前常用于描述离子在海水固体粒子上的吸附等温线模型有 Linear 模型、Freundlich 模型和 Langmuir 模型，其公式分别为：

Linear 型吸附：$Qe = K_d Ce + A$

Freundlich 型吸附：$Qe = K_f \cdot Cne$

Langmuir 型吸附：$Qe = Qm \cdot Ce/(Ce + 1/K)$

其中,K_d、K_f 为平衡吸附常数;n 用来指示吸附等温线的非线性程度;Qe 为平衡吸附量;Qn 是溶质的最大吸附容量;b 是与结合能力有关的常数。具体的吸附等温线受吸附剂的性质、吸附质的性质以及温度的控制而不尽相同。通过测定吸附前后溶液中金属 Cu^{2+} 的浓度(本实验用阳极溶出伏安法测定),分析吸附情况。

四、试剂与仪器

1. 试剂及配制

(1) 铜标准贮备液的配制。

用高纯铜粉溶于 HNO_3(1:1)配成 0.100 0 mol/dm^3 储备液,使用时稀释至 1.00×10^{-4} mol/dm^3。

(2) 人工海水的配制。

称取 0.133 2 g $MgCl_2 \cdot 6H_2O$、0.019 5 g $CaCl_2$,用去离子水配至 2.5 dm^3;称取 59.815 g $NaCl$、10.02 g Na_2SO_4、1.667 g KCl、0.49 g $NaHCO_3$、0.245 g KBr、0.05 g H_3BO_3、0.007 5 g NaF,用前述溶液溶解,备用。

(3) pH 标准溶液 1 套。

2. 仪器设备

(1) 量程为 0.1 mg 的电子分析秤,1 台;

(2) 电子分析天平,量程 0.1 mg,1 台;

(3) 离心机,1 台;

(4) 电化学工作站及配套电极,1 套;

(5) pH 计及复合电极,1 套;

(6) 一次性针头滤器,若干;

(7) 50 cm^3 丙烯酸离心管,若干;

(8) 孔径 0.22 μm 滤膜。

五、实验步骤

1. 固体颗粒物的制备(任选一种固体矿物)

(1) 针铁矿的制备。

在含有 121.00 g $Fe(NO_3)_3 \cdot 9H_2O$ 的 2 dm^3 溶液中,在玻璃棒的搅拌下,缓慢滴加 2.5 mol/dm^3 KOH 溶液,反应终点 pH=12,然后在 60℃ 下陈化 24 h,用 pH=9 的 KOH 溶液洗涤沉淀至 pH=9,抽滤,在 110℃ 下干燥 24 h,得到褐红色的晶体,即为针铁矿样品,用石英研钵碾碎过筛,取 80 目颗粒备用。

(2) 无定形水合铁的制备。

称量 48.40 g $FeCl_3 \cdot 6H_2O$ 于 5 dm^3 水中,所得溶液浓度相当于 2 g/dm^3,此

时 pH＝5，在搅拌下以大约 20 cm^3/min 的速度加入 1 mol/dm^3 的 NaOH 约 250 cm^3，此时溶液 pH＝8，继续搅拌 30 min 后，静置分层抽滤，再用 pH＝8 的 NaOH 溶液洗涤滤渣 3 次，得到红棕色胶状体，在 110℃ 下烘干 24 h，碾碎过筛，用 80 目颗粒备用。

（3）黏土矿物的处理。

实验所用的黏土矿物（蒙脱石或高岭石）为天然矿物。把天然黏土粉碎，过筛，取 40～50 目用 6％ 的 H$_2$O$_2$ 浸泡一周，在此期间隔一天更新一次 6％ 的 H$_2$O$_2$，以除去有机质，再用 5％ 盐酸浸泡一周，在此期间内一天更新一次 0.5 mol/dm^3 盐酸，以除去天然黏土矿物中含有的游离态铜、锌、铅、镉等重金属，之后再用 2％Na$_2$CO$_3$ 溶液浸泡一周，不断搅拌，并更新 3 次，过滤，用蒸馏水洗固体黏土到 pH 值为 8 左右，在室温下于真空干燥器中干燥，碾碎过筛，取 80 目颗粒置于干燥器中备用。

2. 动力学吸附曲线

取铜贮备液 100 cm^3，用人工海水定容为 1 dm^3，作为使用液；称取 0.100 0 g 固体粒子于一系列 50 cm^3 聚丙烯离心管中，加入 25 cm^3 使用液，置于振荡器上振荡，振荡频率 260 r/min，温度 25℃。分别在 0 h，0.5 h，1.0 h，3.5 h，5.0 h，7.0 h，10.0 h，21.0 h，23.0 h 时移取 10 cm^3 溶液，离心后，测定溶液中 Cu^{2+} 的浓度。

3. 吸附等温线的测定

采用批吸附试验方法，称取 0.100 0 g 试样于一系列 50 cm^3 聚丙烯离心管中，加入 25 cm^3 不同铜浓度的人工海水溶液，使 Cu^{2+} 起始浓度梯度为 0.05 mg/dm^3，0.1 mg/dm^3，0.2 mg/dm^3，0.4 mg/dm^3，0.5 mg/dm^3，0.6 mg/dm^3，0.8 mg/dm^3，1.0 mg/dm^3，在恒温、260 r/min 条件下振荡至吸附平衡，然后在 4 000 r/min 下离心分离 5 min，经 0.22 μm 滤膜过滤后用电化学工作站测定滤液中 Cu^{2+} 的浓度，用吸附前后溶液中 Cu^{2+} 浓度之差计算颗粒物对 Cu^{2+} 的吸附量，绘制吸附线等温，并用不同吸附等温方程进行拟合。

4. 温度对吸附的影响

实验方法与吸附等温线相同，控制温度分别为 15℃、25℃、35℃ 和 45℃。

5. 离子强度对吸附的影响

称取 0.100 0 g 试样于一系列 50 cm^3 聚丙烯离心管中，加入 25 cm^3 由不同离子强度的人工海水配制的 Cu^{2+} 溶液，溶液分别含有 0％、10％、25％、50％、100％ 的人工海水，在此条件下研究试样对 Cu^{2+} 的吸附。

6. pH 对吸附的影响

称取 0.100 0 g 试样于一系列 50 cm^3 聚丙烯离心管中，加入 25 cm^3 不同 Cu^{2+}

浓度的人工海水溶液,用少量 NaOH 和 HCl 溶液调节控制 pH 在 3～12 之间,每个 pH 值设 2 个重复(平行样)和 1 个空白对照。

7. 溶液中 Cu^{2+} 浓度的测定

用电化学工作站,测定以上各步骤所得溶液中的 Cu^{2+} 浓度。按照实验五的方法测定游离铜离子的浓度。

六、结果计算

1. 平衡时间的确定

以不同吸附时间时的 Cu^{2+} 浓度为纵坐标、吸附时间为横坐标,做吸附动力学曲线,浓度开始达到稳定时的时间即为吸附平衡时间。以后的平衡实验时间均需要达到平衡时的吸附时间。

2. 温度对吸附的影响

以初始溶液中 Cu^{2+} 的浓度为横坐标、平衡后溶液中 Cu^{2+} 的浓度为纵坐标,绘制不同温度下的吸附等温线,并计算吸附热力学常数。

3. 离子强度对吸附的影响

以初始溶液中 Cu^{2+} 的浓度为横坐标、平衡后溶液中 Cu^{2+} 的浓度为纵坐标,绘制不同离子强度人工海水条件下的吸附等温线,并计算吸附热力学常数。

4. pH 对吸附的影响

以 pH 为横坐标、Cu^{2+} 的平衡吸附量为纵坐标,绘制不同 pH 条件下 Cu^{2+} 的吸附情况,并计算吸附热力学常数。

5. 吸附等温线的绘制

在设定的温度下,绘制初始浓度和平衡吸附浓度的相关曲线,用不同的方程式进行拟合,分析 Cu^{2+} 在固体粒子上的吸附机理。

七、思考题

(1) 根据实验结果,分析影响 Cu^{2+} 吸附的因素有哪些?

(2) Cu^{2+} 在吸附剂上的可能吸附机理是怎样的?

八、注意事项

(1) 丙烯酸离心管用后要洗净,否则残存的固体颗粒会影响下一次使用。

(2) 震荡过程需要在有人值守的情况下进行。

实验十五　河口区磷酸盐的缓冲现象 *

一、概述

磷是维持海洋浮游植物生长的必需元素,也是海水发生富营养化的主要因素之一。由于陆地岩石风化和农田施肥,河水携带的磷酸盐含量一般高于海水,因此河流是近岸海域磷酸盐输入的主要途径。根据已有的观测,河口混合区溶解磷酸盐具有"缓冲现象",表现为混合区在盐度从低到高的较大范围内,水体中磷酸盐浓度保持相对恒定,至盐度较高时才有所降低。导致该现象的机制有吸附—解吸和沉淀—溶解两种观点,已通过现场观测和实验室模拟等方法进行了研究。本实验测定在不同盐度时磷酸盐的浓度值,从而分析河口区沉积物对磷酸盐的影响情况。

二、实验目的

通过实验模拟河口混合过程,认识河口区磷酸盐的缓冲现象,测定水—沉积物交换平衡时溶解磷酸盐的缓冲浓度;了解磷酸盐在经河流向海洋输运过程中经历的地球化学过程。

三、实验原理

河口区水体盐度有很大变化,从河水端到海水端随混合比例的变化盐度从接近于 0 到大于 30。对于保守性化学组分,其浓度与盐度的关系为一条直线,该直线叫作理论稀释线(TDL)。对于非保守组分,由于混合过程中有移出或输入,会呈现为低于或高于 TDL 的曲线。混合过程中的化学组分与盐度的关系可用于了解元素的保守与非保守性质,以及非保守过程的移出或输入情况。

水体中的溶解磷酸盐是磷酸、磷酸二氢根、磷酸氢根和磷酸根的总量,为磷钼蓝法可直接测定的部分,通常称为活性磷酸盐。陆地是海水中磷酸盐主要的源,河水端磷酸盐含量高于海水。由于河流携带泥沙,河口混合区有较高的悬浮物含量。悬浮颗粒物包含黏土、碳酸钙以及磷灰石等,可与水体中溶解磷酸盐发生吸附—解吸或离子交换作用。当磷酸盐含量较高时,可从水体中移出转移到颗粒物中;反之,当磷酸盐含量较低时,则从悬浮物中释放进入水体,使得在混合区一定盐度范围内,溶解磷酸盐浓度保持在一相对恒定的值。

本实验用模拟手段,将低盐度含有悬浮物并与较高浓度的磷酸盐平衡过的水样与海水按不同比例混合,得到盐度系列,经振荡后达到平衡,过滤水样测定溶解磷酸盐,与盐度作图,与 TDL 比较,判断混合过程中磷酸盐的非保守性质,了解河口区缓冲现象,并对其成因进行探讨。

四、试剂和仪器

1. 样品、材料和试剂

(1) 黄河口或长江口悬浮颗粒物样品或表层沉积样品,经离心、水洗处理后风干,使用 120 目筛(孔径 0.125 mm)进行筛分,去除粗颗粒。

(2) 海水样品:取自黄海中部或东海 50 m 等深线以外的海水,陈化数月后过滤,测定其盐度。

(3) 醋酸纤维素酯滤膜(直径 47 mm,孔径 0.45 μm),经稀盐酸浸泡后用去离子水洗净。

(4) 测定无机磷酸盐所需试剂。

2. 主要仪器

(1) 恒温水浴振荡器

(2) 真空过滤装置:47 mm 过滤器、抽滤瓶、真空泵

(3) 分光光度计及配套比色皿

(4) 锥形瓶,3 dm³,250 cm³,若干

五、实验步骤

1. 河水端模拟悬浊液的制备

在 2 个 3 dm³ 锥形瓶中放入 1 dm³ 高纯水并加入磷酸盐标准溶液(见附录15-1)配制为磷酸盐浓度为 1.0 或 1.5 μmol/dm³(可在 0.5~3μmol/dm³ 范围内选择)的溶液。称取 5 g(或 10 g,适当选择)风干后的沉积物样品,加入到该锥形瓶中,混合,制成模拟河水端的悬浊液。将锥形瓶放入到恒温水浴振荡器中,调节水浴温度为 25℃,振荡 4 h 至溶解磷酸盐与悬浮颗粒物平衡,将在 2 个锥形瓶中的悬浊液合并,摇匀。

2. 模拟混合区磷酸盐交换过程

取 250 cm³ 锥形瓶 11~18 个,用上述平衡后的悬浊液与过滤陈化海水按不同比例混合,配制成盐度从 0 至 30 以上的系列悬浊液样品,体积均为 100 cm³。将锥形瓶放入到恒温水浴振荡器中,调节水浴温度至 25℃,振荡 4 h,至水样与悬浮颗粒物达到溶解平衡。

3. 过滤与测定

振荡结束后,立即将系列盐度的悬浊液用醋酸纤维素酯膜过滤。滤液转入

50 cm³ 比色管中,采用磷钼蓝法显色,用分光光度计测定吸光度,计算各样品溶解磷酸盐浓度(见附录 15-1)。

以上实验均进行平行操作,了解结果的可重复性。

六、结果处理

(1) 混合区溶解磷酸盐浓度与盐度的关系。

以系列试样溶解磷酸盐浓度对盐度作图,标注连接模拟河水和海水端的理论稀释线,如图 15-1 所示:

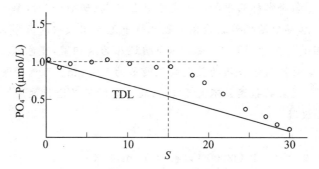

图 15-1　磷酸盐在河口区的理论稀释线

(2) 从图上找出呈现为磷酸盐缓冲现象的盐度范围,以及磷酸盐的缓冲浓度。

七、思考题

(1) 河口区影响磷酸盐分布的过程还有什么？若在春夏对某一河口区磷酸盐和盐度进行观测,绘制出的曲线相对于 TDL 为下凹型,可能的成因是什么？

(2) 若在某季节对某一河口区磷酸盐含量进行观测,得到溶解磷酸盐浓度较均衡(约为本实验值的一半)且随盐度无明显变化,可能是何原因？

(3) 查阅文献,了解磷酸盐在沉积物或悬浮物上的吸附—解吸规律,或与不同形态磷(如可交换态磷、铁结合磷、铝结合磷、钙结合磷、碎屑磷和有机磷等)之间的交换作用与特点。

(4) 根据实验中采用的沉积物矿物组成或磷形态组成的特征,讨论磷酸盐缓冲现象的成因。

附录 15.1　海水中活性磷酸盐的测定

1. 方法原理

　　海水中活性磷(溶解磷酸盐与极少量易分解的有机磷)的浓度可采用钼蓝分光光度法测定。向海水样品中加入一定量混合试剂(硫酸—钼酸铵—抗坏血酸—酒石酸锑钾)。水样中活性磷酸盐在硫酸介质中先与钼酸铵反应形成磷钼黄杂多酸,然后在酒石酸锑钾的存在下,被抗坏血酸还原为磷钼蓝,蓝色深度与磷酸盐的含量成正比。此磷钼蓝络合物的最大吸收波长为 882 nm。可选择波长为 800 nm 进行比色测定。此法的盐误差不大于 1%,故测定时不必进行盐误校正。

　　2. 试剂和仪器

　　(1) 仪器:

　　① 分光光度计:UNICO2000 (比色皿 5 cm,4 只)

　　② 100 cm^2 容量瓶,1 只;

　　③ 50 cm^2 具塞比色管,9 支;

　　④ 4 支 1 cm^3 移液管,1 支 5 cm^3 移液管。

　　(2) 试剂及其配制:

　　硫酸(3 mol/dm^3)溶液:取 100 cm^3 浓硫酸溶液,小心加到 500 cm^3 去离子水中,冷却至室温,贮存于聚乙烯塑料瓶中。

　　抗坏血酸(5.4%)溶液:称取 5.4 g 抗坏血酸(A. R)溶于 100 cm^3 去离子中,贮存于聚乙烯塑料瓶中(低温)。

　　钼酸铵(3%)溶液:称取 3 g 钼酸铵(A. R)溶于 100 cm^3 去离子水中,贮存于聚乙烯塑料瓶中(低温)。

　　酒石酸锑钾(0.136%)溶液:称取 0.136 g(A. R)溶于 100 cm^3 去离子水中,贮存于聚乙烯塑料瓶中。

　　混合试剂:量取 3 mol/dm^3 H_2SO_4 50 cm^3、3% 钼酸铵 20 cm^3、5.4% 抗坏血酸 20 cm^3、0.136% 酒石酸锑钾 10 cm^3,按顺序混合,每加入一种试剂,均须混合均匀。此试剂在使用前配置,有效期 6 h。

　　磷酸盐贮备标准溶液:准确称取在 110~115℃ 干燥过的 KH_2PO_4(A. R) 1.088 g,溶解之后,转移于 1 000 cm^3 容量瓶中,用去离子水稀释到刻度,混匀,其浓度为 8.000 $\mu mol/cm^3$。

3. 测定步骤

(1) 配制磷酸盐使用标准溶液:准确移取贮备标准溶液 0.50 cm^3 于 100 cm^3 容量瓶中用蒸馏水稀释到刻度,混匀,浓度为 0.040 μmol/cm^3。

(2) 标准系列:分别移取使用标准溶液 0.0 cm^3,0.50 cm^3,1.00 cm^3,2.00 cm^3,3.00 cm^3,4.00 cm^3 于 50 cm^3 比色管中,加去离子水至 50 cm^3,依次加入 5 cm^3 混合试剂,混匀 15 min 后,以去离子水做参比液($L=5$ cm),测定溶液的吸光度 A。

(3) 水样测定:取 50 cm^3 经 0.45 μm 滤膜过滤的水样于 50 cm^3 比色管中,加 5 cm^3 混合试剂,混匀,15 min 后,以去离子水做参比液,测定溶液的吸光度(A_W,扣除试剂空白)。

4. 结果计算

(1) 以测得的吸光度对磷酸盐使用标准溶液的取样体积绘制标准曲线,在曲线上读点,根据公式 15-1 计算校正因子 F 值(单位为 μmol/dm^3):

$$F = \frac{(V_2 - V_1)}{A_2 - A_1} \times c_{\mathrm{Std}} \times \frac{1\ 000}{V_W} \tag{15-1}$$

式中,V_1,V_2 分别是所加入使用标准溶液体积,cm^3;

A_1,A_2 分别是 V_1、V_2 所对应的吸光度;

c_{Std} 为使用标准溶液的浓度,μmol/cm^3。

(2) 样品中活性磷的浓度:按照公式 15-2,用 F 值和海水样品的吸光度计算。

$$c_W = F \times A_W \quad (\mu\mathrm{mol/dm}^3) \tag{15-2}$$

实验十六　海水中沉积物对水体中磷的影响

一、概述

磷是维持海洋浮游植物生长的必需元素,也是海水发生富营养化的主要因素之一。海底沉积物中 PO_4-P 的吸附和再生平衡,对水体中磷的收支、循环动力学和初级生产力的维持都有着极其重要的作用。本实验选用青岛入海河流的河口区域,研究大陆架沉积物对海水中磷酸盐的供给和消耗过程,以探讨水体沉积物对海水营养盐的影响程度。

二、实验目的

掌握营养盐在沉积物-海水界面上物质交换速率和交换通量的计算方法;了解青岛近海河口沉积物对磷酸盐的影响过程和影响程度。

三、实验原理

营养盐在沉积物-海水界面的交换速率可以用现场测定、实验室培养、间隙水浓度梯度估算等方法研究。本实验采用实验室培养法。该方法简单、方便,是目前最常用的方法。

在现场或实验室用未受扰动的柱状沉积物进行培养,通过上覆水中营养盐浓度随时间的变化测定营养盐的通量。从现场采集沉积物样品之后,加入一定体积的过滤海水进行培养实验,定期测定上覆水中无机磷酸盐的含量,以磷酸盐浓度和培养时间的数值,根据经验公式计算交换速率和交换通量。

四、试剂和仪器

1. 试剂

测定无机磷酸盐所需试剂,见附录15。

2. 仪器

(1) 沉积物采集器。

(2) 自制培养装置,包括避光的循环 PVC 培养箱和有机玻璃培养管。

(3) 充气泵:Atman Ⅱ。

(4) 其他测定无机磷酸盐的仪器设备。

五、实验步骤

1. 采样

用箱式采样器采集高度为 $10\sim15$ cm 沉积物柱状样品,置于有机玻璃管中,避光保存。另采集同站位底层海水,避光保存。存储或运输的过程中尽量避免沉积物发生扰动。

2. 培养

在培养开始前,将沉积柱与底层海水均置于预先恒温的培养箱中,底层海水温度达到培养温度时,向沉积柱中缓慢加入一定量的底层海水,避光培养,另取一有机玻璃管加入等量底层海水作为对照组。向上覆水中通入经预实验确定的一定流量的空气或空气与氮气的混合气,使培养水体的溶解氧浓度接近各站原位溶解氧条件。实验在避光恒温的循环培养箱中进行,并且在培养过程中用 Atman Ⅱ 充气泵扰动,使培养管内水体完全混合,速度以不破坏沉积物表面为限。

3. 取样

以加入沉积物的时刻为起点,在不同时刻取出海水,用 $0.45~\mu m$ 醋酸纤维滤膜过滤后冷冻保存。每次取完水样后加入原站位采集的等体积底层海水。由于起始时间段营养盐浓度变化比较快,所以在实验的开始阶段采样频率较以后要大。

4. 培养液中无机磷酸盐浓度的测定

按照附录 15 的方法和步骤测定培养液中无机磷的浓度。

六、结果计算

1. 磷酸盐在沉积物-海水界面上交换量的计算

根据培养实验水体中 PO_4-P 浓度的变化,同时考虑由于取样而引起的海水体积的变化,以及取出营养盐的量,可以计算出 t 时刻 PO_4-P 在沉积物-海水界面上的交换量 $M_t(\mu mol)$,见公式(16-1):

$$J_t = \frac{M_t}{A \times \Delta t} \tag{16-1}$$

式中,J_t 为沉积物-水界面营养盐的测定通量($mol \cdot m^{-2} \cdot d^{-1}$);

M_t 为 $(t-1)$ 时刻到 t 时刻营养盐的浓度变化。

$$M_t = V[c_t - D_{t-1}];$$

式中,V 为覆水体积(m^3);

c_t 为 t 时刻直接测得沉积物上覆水中 PO_4-P 的浓度($\mu mol/m^3$);D_{t-1}:$(t-1)$ 时刻沉积物上覆水中营养盐的实际浓度。根据这种计算方法得出的数值,负值表

示营养盐被沉积物吸收,正值表示营养盐由沉积物向上覆水释放。D_t 的计算公式用式(16-2)表示:

$$D_t = \frac{(V-V_0) \times c_t + V_0 \times c_0}{V} \qquad (16-2)$$

需要注意 c_t 为 t 时刻直接测得的沉积物上覆水中营养盐的浓度,V_0 为 $t-1$ 时刻取出的样品体积。式中,D_t 为 t 时刻沉积物上覆水中营养盐的实际浓度;V_0 为每次取样的体积;c_0 为原始底层水中营养盐的浓度;c_t:t 时刻直接测得的上覆水中营养盐的浓度。

2. 绘制 M_t-t 的变化曲线

以培养时间 t 为横坐标,M_t 为纵坐标,绘制交换量随时间的变化曲线。M_t 的大小和正负表明交换量的大小和方向。

3. 交换速率的计算

用公式(16-3)对 PO_4-P 交换量 M_t 随时间的变化曲线进行拟合,如图 16-1 所示,计算 t_f,从而得到 $0 \sim t_f$ 时间内 PO_4-P 在沉积物-海水界面上的交换速率。

$$M(t) = \frac{M_1 - M_2}{1 + e^{\frac{t-t_1}{t_2}}} + M_2 \qquad (16-3)$$

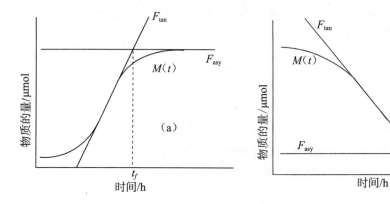

图 16-1　t_f 计算示意图

F_{asy} 为当 $t \to \infty$ 时,$M(t)$ 的渐近线,F_{tan} 为 $t = t_f$ 时的切线。

七、思考题

(1) 查阅文献,比较无机磷的交换速率在调查地点与其他海区的差别。

(2) 可能引进误差的原因有哪些?

(3) 查阅文献,得到调查区域的面积数据,尝试计算调查区域的交换通量。

(4) 查阅文献,比较 Fick 扩散定律所计算的通量与该方法所得结果的差异。

（5）培养实验与其他方法相比较存在哪些不足。

（6）PO$_4$-P 交换通量的影响因素有哪些？

八、注意事项

（1）沉积物在采集和运输过程中尽量避免发生扰动。

（2）每次取完上覆水样品需要向柱子中补加同等体积的原站位底层海水。

（3）向沉积物中补加海水需贴壁缓慢加入，避免扰动沉积物。

（4）尽量选择泥质沉积物为培养对象。

实验十七　海水和沉积物间隙水的氧化-还原电位

一、概述

氧化还原电位是用来反映水溶液或沉积物环境中所有物质表现出来的宏观氧化-还原性。对于一个水体来说,往往存在多种氧化还原电对,构成复杂的氧化还原体系。其氧化还原电位值是多种氧化与还原物质发生氧化还原反应的综合结果。这个参数虽然不能表示某种氧化与还原物质浓度的浓度,但有助于了解环境的电化学特征,分析环境的性质,是一项综合性指标。环境中氧化还原电位值越高,氧化性越强,说明有机物等还原性物质越少;电位值越低,还原性越强,表明环境缺氧,会导致有机物等还原性物质浓度高。因此,通过测定海水和沉积物中的电位值,可以间接了解环境中还原性物质浓度的高低。

二、实验目的

掌握氧化还原电位的测定方法;了解海水和沉积物间隙水的氧化还原环境。

三、实验原理

氧化还原电位反应可用下述通式表示:

$$氧化剂 + ne \rightarrow 还原剂$$

氧化还原电位(E_h)值与海水或沉积物中氧化剂和还原剂相对含量之间的关系依赖于 Nernst 方程(17-1)。

$$E_h = E_h{}^0 + \frac{RT\ln 10}{nF} \lg \frac{a_{ox}}{a_{red}} \tag{17-1}$$

因此,氧化还原电位的数值越大,说明海水和沉积物中氧化剂所占的比例越大,氧化能力越强。

测定电位值通常有两种方法,分别为电位计法和仪器法,本实验选用第一种方法。

四、试剂及配制

1. 试剂

所用试剂均为分析纯,水为蒸馏水或等效纯水。

(1) 缓冲溶液:称取 1.012 g 邻苯二甲酸氢钾(KH$_2$C$_2$O$_4$,在 115±5℃ 干燥 2~3 h,于干燥器中冷却至室温),置于 100 cm^3 烧杯中,加水溶解。全部转移入

100 cm³ 容量瓶中,加水至标线定容。加入少量醌氢醌($C_{12}H_{10}O_4$),使其饱和。贮存于聚氯乙烯中,此溶液 pH 值在 25℃时为 4.01。

2. 实验仪器

(1) 电位计,1 台;

(2) 铂丝电极,1 支;

(3) 饱和甘汞电极,1 支;

(4) 100 cm³、250 cm³烧杯,各 1 个;

(5) 100 cm³量筒,1 个。

五、测定步骤

1. 电极的检查及校正

以铂电极为工作电极,连接仪器的(＋)极,以饱和甘汞电极,连接仪器的(－)极,连接好电路,将两电极浸入 pH 值为 4.01 的醌氢醌饱和的缓冲溶液中,开启电源,测定 E_h 值,看是否与理论值(25℃时为 221 mV)相符。当测定值与理论值之差超过 5 mV 时,应处理或更换铂电极。

2. 海水的测定

(1) 将已固定好的铂电极和饱和甘汞电极插入水样中,深度约 3 cm,电极间距为 3～5 cm;

(2) 开启电源,按下读数开关,在电位平衡后读数(一般数分钟);

(3) 改变电极位置,重复测定 3 次,取平均值。

3. 沉积物的测定

(1) 取刚采集的沉积物样品迅速装入 100 cm³烧杯中(约半杯),样品力求保持原状,避免空气进入,也可在采泥器中直接测定。

(2) 将已固定好的铂电极和饱和甘汞电极插入沉积物中,深度约 3 cm,电极间距 3～5 cm;

(3) 开启电源,按下读数开关,将电位平衡后读数(一般数分钟);

(4) 改变电极位置,重复测定 3 次,取平均值。

六、记录与计算

将所测得的数值计入表 17-1 中。由于测得的电位值 E_b 是被测样品与甘汞电极的电位差,须进行计算以后,才能得到样品的氧化还原电位值。计算公式为:

$$E = E_a + E_b$$

式中,E_a 为饱和甘汞电极电位(mV),数值如附表 17-2 所示。

E_b 为仪器测得的电位值(mV)。

25℃时 E_a 为 243 mV,温度每增加 10℃,E_a 降低 6~7 mV,由于 E 的最小读数误差为 5 mV,故温度变化不显著时,可不校正。

七、注意事项

(1)脱离了原来环境的氧化还原电位受空气和微生物活动的影响极不稳定,采样后应立即测定。

(2)铂丝电极的处理方法:先将铂丝洗净,然后浸入三氯甲烷或乙醚中,搅动约 1 min,用水冲洗后,再浸入 5 mg/cm³ 重铬酸钾溶液或 5%~10% 过氧化氢溶液中,搅动约 1 min,用水洗净,备用。

(3)当用一支铂丝电极连续测试不同沉积物或同一沉积物不同位置的 E_h 时,常出现滞后现象。要求在每个样品测试完后必须认真清洗净化铂丝电极。

(4)在沉积物含水率较高的情况下(10%),铂电极与甘汞电极之间的距离从 1 cm 到 3 cm,对所测的 E_h 值(平均值)没有影响。但在含水量较低(<5%)的情况下,应缩短电极间的距离,以减少电路中的电阻。

(5)每次换位置测定时,必须将附着在甘汞电极盐桥顶端的土粒去掉,并且充分洗净,最好在饱和 KCl 溶液中浸泡,使顶端盐桥处恢复原状,消除液接电位。

(6)检查饱和甘汞电极中的氯化钾溶液是否过饱和,若发现电极内无氯化钾结晶,从电极侧面小口加入固体氯化钾至过饱和。

(7)当温度不是 25℃时,可由式(17-2)计算缓冲溶液的 pH 值:

$$pH = \frac{455 - 0.09(t-25) - E_b}{59.1 + 0.2(t-25)}$$

(17-2)

式中,E_b 为电位计的测得值(mV);

t 为测定时溶液的温度(℃)。

表 17-1　氧化还原电位测定分析记录表

仪器名称:＿＿＿＿＿＿＿＿　　型号:＿＿＿＿＿＿＿＿

测定人:＿＿＿＿＿　　测定日期:＿＿＿＿＿　　测定时间:＿＿＿＿＿

样品名称	样品温度	pH	E_b				E_a	E_h
			1	2	3	平均		

表 17-2 温度不同时,参比电极的电位值

温度/℃	甘汞电极 0.1 mol/dm³ KCl 溶液	甘汞电极 1 mol/dm³ KCl 溶液	甘汞电极 饱和 KCl 溶液	银-氯化银 1 mol/dm³ KCl 溶液	银-氯化银 3 mol/dm³ KCl 溶液	银-氯化银 饱和 KCl 溶液
50	331	274	227	221	188	174
45	333	273	231	224	192	182
40	335	275	234	227	196	186
35	335	277	238	230	200	191
30	335	280	241	233	203	194
25	336	283	244	236	205	198
20	336	284	248	239	211	202
15	336	286	251	242	214	207
10	336	287	254	244	217	211
5	335	285	257	247	221	219
0	337	288	260	249	224	222

实验十八　微量活性气体在海水和大气界面的分配

一、概述

海水和大气中均存在一定量的微量活性气体,如二甲基硫(DMS)、CH_4、O_3、NO_x 和 CO 等等。虽然它们在海水和大气中的本底浓度很低,仅为几个 $\mu mol/dm^3$ 或 $nmol/dm^3$,但从大的时间和空间尺度来看,大气本底与周边区域的污染状况密切相关,且与海洋中 C、N 等元素结合在一起,组成了这些元素全球循环的重要组成部分。由于物质在海-气界面时刻不停地进行交换,因此,研究微量活性气体在海-气界面之间的交换,对于研究它们的迁移转化规律,进而探讨海-气界面的物理化学性质,具有重要的理论和现实意义。本实验以目前研究较为成熟的甲烷为例,研究微量活性气体在海-气界面的交换过程。

CH_4 是大气中含量最多的碳氢化合物,对温室效应的贡献仅次于 CO_2。此外,CH_4 还参与大气对流层和平流层中的化学反应,间接引起全球气候变化,因此,大气 CH_4 的源、汇等问题引起了世界各国科学家的广泛关注。本实验首先测定 CH_4 在海水中的含量,然后通过计算 CH_4 的饱和度,获得其海-气界面的通量,从而介绍一种计算海气通量的方法。

二、实验目的

掌握海水中甲烷的测定方法;了解甲烷在海气界面的交换情况。

三、实验原理

1. 海水中 CH_4 的测定原理

水样采用气体抽提-气相色谱法测定。样品中的 CH_4 用高纯氮气吹扫到气相中,经过除 CO_2 和干燥处理之后,在液氮中富集于吸附柱上。然后将吸附柱进行加热解析出富集的 CH_4 气体,在一定的色谱条件下使用氢火焰离子化检测器(FID)测定。FID 检测器的响应信号与 CH_4 浓度之间有良好的线性关系,待测样品中 CH_4 的浓度可以用工作曲线计算得到。

FID 是质量型检测器,其响应值正比于单位时间内组分进入检测器的质量。其工作原理为:当有机物经过检测器时,在火焰中产生离子,在极化电压的作用下,喷嘴和收集极之间的电流会增大,对这个电流信号进行检测和记录即可得到相应的色谱图。

2. 通量的计算方法

水体中 CH_4 的饱和度 $R(\%)$ 和海-气交换通量可由式(18-1)和(18-2)计算得到:

$$R = \frac{c_{obs}}{c_{eq}} \tag{18-1}$$

$$F = k_w \times (c_{obs} - c_{eq}) \tag{18-2}$$

式中,c_{obs} 为溶存气体在表层海水中的实测浓度;

c_{eq} 为气体在表层海水中与大气达到平衡时的浓度($nmol/dm^3$),可根据现场水温和盐度,利用公式(18-3)计算得到;F 的单位为 $\mu mol/(m^2 \cdot d)$;

k_w 为气体交换速率(cm/h),可根据经验公式(18-4)进行计算。

$$\ln c_{eq} = \ln f_G + A_1 + A_2(100/T) + A_3\ln(T/100) + A_4(T/100) + S[B_1 + B_2(T/100) + B_3(T/100)^2]$$

$$\tag{18-3}$$

式中,f_G 为大气中 CH_4 的浓度;$A_1 = -415.280\,7$,$A_2 = 596.810\,4$,$A_3 = 379.259\,9$,$A_4 = -62.055\,7$,$B_1 = -0.059\,160$,$B_2 = 0.032\,174$,$B_3 = -0.004\,819\,8$

$$k_w = 0.31U_{10}^2 (Sc/660)^{-1/2} \tag{18-4}$$

式中,U_{10} 为水面上方 10 m 高度处的风速;Sc 的计算公式见式(18-5):

$$Sc = 2\,039.2 - 120.31t + 3.420\,9t^2 - 0.040\,437t^3 \tag{18-5}$$

式中,t 为表层海水摄氏温度。

四、试剂和仪器

1. 试剂

(1) CH_4/N_2 标准气体(国家标准物质中心)。

(2) 液氮。

2. 仪器

(1) 气相色谱仪:岛津 GC-2014(配氮气钢瓶、空气发生器和氢气发生器),带 FID 检测器。

(2) 六通阀:美国 VICI 公司。

(3) 样品瓶:20 cm^3 玻璃瓶,铝帽内衬聚四氟乙烯密封垫。

(4) 密封塑料注射器,带针头。

(5) 压盖器。

五、实验步骤

1. 工作曲线的绘制

CH_4 在常温下为气体状态,采用一定体积分数(2.02×10^{-6})的 CH_4/N_2 标

准气体进行定量。因 FID 检测器的响应信号与 CH_4 的质量之间有良好的线性关系，故采用同一浓度不同体积的多点校正法建立色谱峰面积与甲烷质量的线性关系。实验中用密封性良好的注射器分别量取 $2\ cm^3$、$4\ cm^3$、$8\ cm^3$ 和 $10\ cm^3$ 标气经气相色谱仪的进样口注入色谱柱，得到不同体积对应的峰面积，从而获得甲烷质量与峰面积对应的工作曲线。

2. 样品采集

海水样品的采集：从采水器中接取海水，分装样品前先用海水荡洗样品瓶 2 遍，然后将乳胶管插入样品瓶（体积为 V,cm^3）底部注入海水，注入过程中要避免产生气泡和漩涡，待水样溢出瓶体积的一半左右时，缓慢抽出乳胶管，加入适量饱和 $HgCl_2$ 溶液以抑制微生物的活动，用带聚四氟乙烯（PTFE）衬层的橡胶塞和铝帽将样品瓶密封，低温避光保存，带回实验室后尽快测定。

气体样品的采集：将 $20\ cm^3$ 棕色顶空瓶举过头顶约 2 min，保证瓶内气体与大气完全交换，然后塞上胶塞，盖上铝帽，并用压盖器将铝帽压紧，密封保存，回到实验室后尽快测定。

3. 样品中 CH_4 的测定

海水样品：水体中 CH_4 采用抽提-气相色谱法测定。将六通阀打到取样状态，用高纯氮气吹扫水样，吹扫出的气体进入装填有无水 K_2CO_3 的干燥管和 CO_2 吸收管分别除去水蒸气和 CO_2，富集于内填有 Porapark-Q（80/100 目）并置于液氮中的不锈钢吸附管中；富集结束后将吸附管迅速加热到 100℃，立即转动六通阀为进样状态，被吸附的 CH_4 经解析后进入带有 FID 检测器的气相色谱仪中测定。根据测定样品校正空白海水后的色谱峰面积，利用标准曲线进行校正得到海水样品中 CH_4 质量 $m(ng)$，通过测定的海水体积进而计算出海水中 CH_4 的浓度 c_{obs}。

气体样品：测定其他样品时，将插有长针头的盛满水的塑料注射器从胶塞的一侧插入样品瓶，取另一支气密性注射器插入样品瓶顶部，慢慢抽出 $2\ cm^3$ 样品空气，注入气相色谱仪并测定 CH_4 在气相中的浓度 f_G。

色谱柱条件：色谱柱为 $3\ m \times 3\ m$ 的不锈钢填充柱（内填 80/100 目的 Porapark-Q），柱温为 50℃，进样口温度为 100℃，检测器温度为 175℃。所用载气为高纯氮气，流量是 $50\ cm^3/min$。

六、结果计算

1. 绘制工作曲线

根据气相色谱对标准气体的信号响应，以信号值为纵坐标，进样体积为横坐标做工作曲线。

2. 质量浓度 c_{obs} 的计算

根据工作曲线,计算海水样品中 CH_4 的质量,再根据海水体积计算质量浓度 c_{obs}:

$$c_{obs} = \frac{m}{V \times 16.04} \tag{18-6}$$

式中,16.04 为 CH_4 的分子量。

3. 海气界面 CH_4 交换通量的计算

根据测得的气体中 CH_4 的浓度 f_G,结合采样现场的风速和温度,计算海水中 CH_4 的饱和浓度 c_{eq},结合测得的海水中 CH_4 的浓度,根据公式(18-2)计算海气界面 CH_4 的交换通量。

七、注意事项

(1) 在实验过程中,CH_4 易从海水中挥发,因此从样品采集处理到分析过程,都要尽量避免样品的损失。

(2) 样品采集后,瓶内不能有气泡,需要上下颠倒确认。

(3) 海水中 CH_4 的生产和消耗与生物活动密切相关,因此,为防止 CH_4 浓度发生变化,样品的采集和测定应尽可能快速,甚至需要在数小时之内完成。

(4) 海水样品分析之前,要进行空白试验,即抽取一定量的空白海水(高纯 N_2 吹扫 1 h 以上,以除尽其中的 CH_4),按照海水样品的测定方法进行测定。所得信号值很小,在检出限范围左右甚至以下,不影响样品的测定。

(5) 此方法对海水中 CH_4 样品的精密度为 3%,检出限约为 0.1 nmol/dm³。

八、思考题

(1) 本实验中采用气提对 CH_4 含量进行富集,请问还有什么方法进行前处理再使用气相色谱进行测定?请简单描述其原理。

(2) 样品分析中,气提富集的 CH_4 加热解析后通过六通阀导入气相色谱仪器,请说明六通阀的工作原理?

实验十九　海洋沉积物中的石油烃

一、概述

　　海洋石油污染不仅是世界各国普遍关注的海洋污染问题,也是我国近海海域最主要的海洋污染之一。水体中的石油烃在部分分解之后,会有很大一部分转移到底泥及近岸沉积物中,而沉积物中的污染物又会重新释放,造成二次污染,因此,将造成石油烃在近海海域的长期污染。本实验对近海沉积物中的石油烃进行分析,了解近岸沉积物中石油烃的污染程度。

二、实验目的

　　掌握沉积物样品中石油烃的测定方法;掌握沉积物样品风化干燥后含水率的测定方法;了解沉积物质量评价方法。

三、方法原理

　　沉积物风化干燥后,样品中的油类经环己烷萃取,在激发波长 310 nm、发射波长 360 nm 处测定相对荧光强度,其相对荧光强度与环己烷中石油烃的浓度成正比。

四、仪器和试剂

　　1. 试剂及其配制

　　1) 活性炭:用于国产环己烷的处理,国外进口色谱纯的环己烷不需要处理。市售色层分析用 60 目活性炭。处理方法:用 2 mol/dm³ 盐酸浸泡 2 h,依次用自来水、蒸馏水冲洗至中性。倾出水分后,用 2 mol/dm³ 氢氧化钠浸泡 2 h,同上步骤依次冲洗至中性,于 100℃烘干。活化:将烘干的活性炭放入瓷坩埚中,盖好塞子,于 500℃高温炉内活化 2 h。

　　2) 环己烷。国产环己烷的处理方法为:用环己烷充分浸泡活性炭,排尽活性炭中的空气,边搅拌边倒入玻璃层析柱中,装柱时要注意避免出现气泡。将环己烷倾入柱中,初始流出的环己烷质量较差,注意检查流出的环己烷的相对荧光强度,当其小于标准油品(0.1 mg/cm³)相对荧光强度的 1‰时,以每分钟 60～100 滴的流速,将流出的环己烷收集于清洁的玻璃容器中。

　　进口环己烷无须处理,可直接使用。

3）油标准：试剂纯，市售 100 mg/cm³ 标准油。

2. 仪器及设备

（1）荧光分光光度计：仪器测定参数：激发波长 310 nm，发射波长 360 nm，激发和发射狭缝为 10±1 nm，负高压及增益值适度即可。

（2）玻璃层析柱：直径约 25 mm，长度约 900 mm。

（3）带盖聚四氟乙烯盒：直径 4 cm，高 2 cm。

（4）有机玻璃分样刀。

（5）分析天平：感量 0.001 g。

（6）恒温烘箱：有排气设备。

（7）一般实验室常备仪器和设备。

五、实验步骤

1. 工作曲线的制作

（1）配制石油烃标准贮备溶液（1.00 mg/cm³）：于称量瓶中准确称取 100 mg 标准油，加环己烷溶解，全部转入 100 cm³ 容量瓶中，用环己烷稀释至标线，混匀。

（2）石油烃标准使用溶液（0.500 g/dm³）：准确量取 25.0 cm³ 油标准贮备溶液于 50 cm³ 容量瓶中，加环己烷至标线，混匀。

（3）标准系列的配制：分别移取 0 cm³，0.10 cm³，0.30 cm³，0.50 cm³，0.70 cm³，0.90 cm³ 石油烃标准使用液于 6 支 25 cm³ 具塞比色管中，加环己烷稀释至标线，混匀，其浓度分别为 0 mg/dm³，2.00 mg/dm³，6.00 mg/dm³，10.0 mg/dm³，14.0 mg/dm³，18.0 mg/dm³。

（4）用 1 cm 石英测定池，按选定的仪器技术参数测定标准系列的荧光强度（I_i 及 I_0，其中，I_0 为浓度为 0 的标准溶液荧光强度），将数据记入表 19.1 中。

2. 样品的测定

称取（0.3～3.0）±0.01 g 自然风干的沉积物样品于 25 cm³ 具塞比色管中，于 20℃ 以上环境条件下，加环己烷稀释至标线，塞紧管塞，强烈振荡 2 min，在 20℃ 温度条件下放置 1 h，再强烈振荡 2 min，静置浸泡 5 h，期间不时摇动，制成样品浸取液。移取上清液于 1 cm 石英测定池中，按选定的仪器技术参数，测定样品的荧光强度（I_s）及分析空白荧光强度（I_b）。

3. 沉积物含水率的测定

（1）将聚四氟乙烯盒微启盒盖放在 105℃±1℃ 烘箱内，干燥 40 min。取出并冷却至 40℃～50℃，在盛有变色硅胶的干燥器中放置 30 min，称重。按以上步骤操作，称至恒重，记做 m_1。

（2）将放沉积物湿样（或风干样）的磨口瓶塞打开，快速地用有机玻璃分样刀取出约 20 g 湿样。放入 100 cm³ 干燥的烧杯中，搅匀。立即小心地分装于两个聚四氟乙烯盒内，每盒装入约 5 g 样品（注意勿将样品沾在盒口处）。盖上盒盖，分别称重，记做 m_2。

（3）半开盒盖，放在 105℃±1℃烘箱内干燥 6～8 h（每干燥 2 h 后开启排气扇 20 min，排掉烘箱内的水分，风干样只需烘干 2 h）。取出后冷却至 40℃～50℃，盖好盒盖，在盛有变色硅胶的干燥器中放置 30 min，称重。半开盒盖放入烘箱中，于 105℃±1℃烘箱内干燥 2 h，（风干样干燥 30 min），取出后冷至 40℃～50℃，盖好盒盖，在上述干燥器中放置 30 min，称重，直至恒重为止，记做 m_3。

六、结果计算

1. 含水率的计算

按下式计算海洋沉积物的含水率

$$W_{H_2O} = \frac{m_2 - m_3}{m_3 - m_1} \times 100\%$$

式中，W_{H_2O} 为海洋沉积物的含水率，%；

m_1 为盒重，g；

m_2 为盒与湿样或风干样的重量，g；

m_3 为盒与干样的重量，g。

2. 绘制工作曲线

按照表 19-1 中记录的数值，以荧光强度（$I_i - I_0$）为纵坐标，相应油浓度为横坐标，绘制标准曲线，记录相关系数，截距、斜率和拟合方程式。

表 19-1　浓度和荧光强度数值

$V_{标准}$（cm³）	0.00	0.10	0.30	0.50	0.70	0.90
浓度（μg/dm³）	0	2.00	6.00	10.0	14.0	18.0
荧光强度 I_i						
$r=$		$a=$		$b=$		$y=$

3. 浸出液中石油烃浓度的计算

以（$I_s - I_b$）的值从标准曲线上查出沉积物浸取液中相应的石油烃浓度 c_{oil}（μg/cm³）。

4. 沉积物中石油烃含量的计算

按标号计算沉积物干样中石油烃的含量。

$$W_{\text{oil}} = \frac{c_{\text{oil}}V}{M(1 - W_{\text{H}_2\text{O}})}$$

式中，W_{oil} 为沉积物干样中石油烃的含量，质量比，10^{-6}；

　　c_{oil} 为从标准曲线上查得的石油烃浓度，$\mu\text{g/cm}^3$；

　　V 为样品浸取液的体积，cm^3；

　　M 为样品的称取量，g；

　　$W_{\text{H}_2\text{O}}$ 为风干样的含水率，$\%$。

七、思考题

（1）为何该方法只适用于轻度污染的沉积物？

（2）市售环己烷可能含有什么杂质？为何要用活性炭处理？

（3）分析方法可能产生的误差。

八、注意事项

（1）精密度：不同实验室测定沉积物样品，重复性相对标准偏差为 2.9%。

（2）整个操作程序应严防沾污。

（3）玻璃容器用过后用（1+1）硝酸浸泡、洗涤、烘干。

（4）每个样品做两次测定，含水率的差值不得大于 1%。

（5）取样时，应注意不能混入，明显的生物残骸及砾石等杂质。

（6）每次称重准确至 0.001 g。所谓恒重，是指两次干燥后重量的差值小于0.005 g。

（7）本方法适合海洋沉积物中本底或石油污染较轻的海区，对于油类污染较重的海区，适合用重量法测定，详见附录 19-1。另外，还可以用紫外分光光度法测定海洋底质中的石油烃，详见附录 19-2。

附录 19.1　重量法测定海洋底质中的油

一、方法原理

沉积物样品中的油类用正已烷萃取到液相中,蒸发除去正已烷,称量剩余液体物质的质量,即沉积物中油类的含量。

二、试剂与仪器

1. 试剂

(1) 高纯水:Milli-Q 水。

(2) 正已烷:国外进口或用活性炭层析处理,300℃下活化 7 h。

(3) 无水硫酸钠:在 500℃下灼烧 4 h,贮存于小口试剂瓶中。

(4) 硫酸钠溶液,30 g/dm³:称取 30 g 硫酸钠($Na_2SO_4 \cdot 9H_2O$)溶于水中,加水至 1 dm³,混匀,贮存于试剂瓶中备用。

(5) 油标准溶液

2. 仪器及设备

(1) 分析天平:感量 0.01 mg

(2) 恒温水浴振荡器

(3) 恒温水浴锅

(4) K·D 浓缩器

(5) 玻璃注射器(带穿刺针头):10 cm³

(6) 铝箔槽:用铝箔自制,体积约 2 cm³。使用前于 700℃烘干至恒重(两次称重的质量差小于 0.2 mg)

三、实验步骤

1. 校正系数的测定

(1) 分别称取 5.000 g 未受油玷污的已风干的沉积物样品,放入 9 支 50 cm³ 具塞比色管中,其中 6 支各加 0.50 cm³ 油标准溶液,另外 3 支用来测试沉积物本底加分析空白的残渣重。

(2) 向以上比色管中加 15 cm³ 正已烷,在恒温水浴振荡器中加盖振荡 2 min,静置分层,用玻璃注射器吸出正已烷萃取液,注入盛有 20 cm³ 硫酸钠溶液的 60 cm³ 锥形分液漏斗中。再用 10 cm³ 正已烷萃取 1 次,静置分层,吸出萃取液,合并于锥形分液漏斗中。

（3）于原比色管中加入 10 cm³ 硫酸钠溶液，将正己烷相吸出合并于上述锥形分液漏斗中。

（4）振荡锥形分液漏斗 2 min，静置分层后，弃去水相（下层）。再用 20 cm³ 硫酸钠溶液重复洗涤 2 次，弃去水相。用滤纸卷吸干锥形分液漏斗下端管颈内水分。将萃取液放入 25 cm³ 具塞比色管中。

（5）加 2 g 无水硫酸钠，振荡后放置 30 min。

（6）将脱水的萃取液倾入 K·D 浓缩器中，并用少量正己烷洗涤含脱水剂的具塞比色管 2 次，合并于 K·D 浓缩器中。在 70～78℃ 水浴上浓缩至 0.5～1 cm³。

（7）取下 K·D 浓缩器，将其中的浓缩液转入铝箔槽中，置于 70℃ 水浴铝盖板上蒸干，然后用 1 cm³ 正己烷洗涤 K·D 浓缩器。并转入铝箔槽中继续蒸干，重复 2～3 次。

（8）将铝箔槽置于干燥器内，1 h 后称重。

2. 样品的测定

称取 5 g 已风干的样品（±0.001 g），于 50 cm³ 具塞比色管中，按实验步骤 1 的操作过程测定样品中油类的重量（m_a），同时，按相同的步骤称量分析空白残渣重（m_b）。

四、结果计算

1. 校正系数的计算

按下式计算校正系数：

$$K = \frac{\overline{m}_1 - \overline{m}_2}{m_0}$$

式中，K 为校正系数

$\overline{m}_1$ 为沉积物本底加油标准的回收量平均值，mg

$\overline{m}_2$ 为沉积物本底加分析空白的残渣重的平均值，mg

m_0 为油标准的加入量，mg。

2. 油类含量的计算

按下式计算沉积物干样中油类的含量：

$$W_{oil} = \frac{m_a m_b}{KM(1 - W_{H_2O})} \times 1\ 000$$

式中，W_{oil} 为沉积物干样中油类的含量，单位为 μg/g；

m_a 为样品萃取液中油类的重量，mg；

m_b 为分析空白萃取液中残渣的重量,mg;

K 为校正系数;

M 为样品的称取量,g;

W_{H_2O} 为风干样的含水率,%。

五、注意事项

(1) 本法适用于油污较重海区沉积物中油类含量的测定,检出限(重量比)为:20×10^{-6}。精密度为:平行 6 次测定二组沉积物样,油含量质量比分别为$(720 \pm 40) \times 10^{-6}$和$(5\ 660 \pm 290) \times 10^{-6}$,相对标准偏差分别为 6.1% 和 5.1%。准确度:5 个实验室考核本方法准确度,回收率为 $85 \pm 5\%$。

(2) 所用玻璃器皿用去污粉和重铬酸钾洗液洗净,依次用自来水、蒸馏水漂洗,在 150℃ 烘箱中烘干。量瓶、吸液管自然晾干,使用前用正己烷洗涤 2 次。

(3) 用过的活性炭和正己烷经处理后可重复使用。

(4) 铝箔槽的铝箔自重应尽量轻些,以提高测定准确度。制作时,边缘应避免有折痕,以防止石油由折线处流出损失。

附录 19.2　紫外分光光度法测定沉积物中的油

一、方法原理

沉积物用正己烷萃取,萃取液用紫外分光光度法测定,用标准油品作参考标准,计算沉积物中油类的含量。

二、试剂及其配制

除非另作说明,所用试剂均为分析纯。

1. 试剂

(1) 正己烷和活性炭:品质和处理方法同前。

(2) 硫酸(H_2SO_4):市售优级纯浓硫酸。

(3) 硫酸钠溶液:30 g/dm^3

称取 30 g 硫酸钠($Na_2SO_4 \cdot 9H_2O$)溶于水中,加水至 1 dm^3,混匀,贮存于试剂瓶中备用。

(4) 油标准贮备溶液:试剂纯,统一购置。

(5) 油标准使用溶液:200 $\mu g/cm^3$

量取 2.00 cm^3 油标准贮备溶液于 50 cm^3 容量瓶中,加正己烷至标线,混匀。置于冰箱中可保存 1 个月。

(6) 实验用水均为 Milli-Q 水。

2. 仪器及设备:

(1) 紫外分光光度计;

(2) 石英测定池:1 cm;

(3) 恒温水浴振荡器;

(4) 玻璃注射器(带穿刺针头),10 cm^3;

三、分析步骤

1. 绘制标准曲线

(1) 分别量取 0 cm^3,0.25 cm^3,0.50 cm^3,0.75 cm^3,1.00 cm^3,1.25 cm^3 油标准使用溶液,放入盛有少量正己烷的 10 cm^3 容量瓶中,加正己烷至标线,混匀。此溶液每毫升分别含 0 μg,5.00 μg,10.0 μg,15.0 μg,20.0 μg,25.0 μg 油。

（2）将上述溶液置于 1 cm 石英测定池中,于波长 225 nm 处,以标准空白液作参比,测定吸光值(A_i)。

将测得的吸光值 A_i,记入表 19.2 中,以吸光值 A_i 为纵坐标,相应的油浓度为横坐标,绘制标准曲线。

2. 样品的测定

（1）萃取。

称取 2.000 ± 0.001 g 风干的沉积物样品,于 50 cm^3 具塞比色管中,加 15.00 cm^3 正己烷,加盖振荡 2 min,待分层后,用玻璃注射器吸出正己烷萃取液,注入盛有 20 cm^3 硫酸钠溶液的 60 cm^3 锥形分液漏斗中,用 10.00 cm^3 正己烷重复萃取一次,静置分层,将萃取液吸出并入分液漏斗中。

于原比色管中加入 10.00 cm^3 硫酸钠溶液,将析出的正己烷吸出合并于上述分液漏斗中。振荡分液漏斗 2 min,静置分层后,弃去水相（下层）。再用 20 cm^3 硫酸钠溶液重复洗涤 2 次,弃去水相,用滤纸卷吸干锥形分液漏斗下端管颈内的水分,将萃取液放入 25 cm^3 具塞比色管中。

（2）测定。

将上述溶液置于 1 cm 石英测定池中,于波长 225 nm 处,以标准空白液作参比,测定样品萃取液的吸光值(A_a)。同时测定分析空白吸光值(A_b)。

3. 萃取效率系数的测定

分别称取 2 g 已风干未受油玷污的沉积物样品于 9 支 50 cm^3 具塞比色管中,其中 6 支各加入 1.00 cm^3 油标准使用溶液,按上述步骤萃取后,测定萃取液的吸光值,从标准曲线上查出相应的油浓度并计算出回收量并按下式计算萃取效率系数。

$$K = \frac{\bar{m}_1 - \bar{m}_2}{m_0}$$

式中,K 为校正系数;

$\bar{m}_1$ 为沉积物本底加油标准的回收量平均值,μg;

$\bar{m}_2$ 为沉积物本底加分析空白的平均值,μg;

m_0 为油标准的加入量,μg。

四、结果计算

1. 绘制工作曲线

将标准样品的浓度和测得的吸光值填入表 19-2,根据表格所列数据,得到工作曲线的各个数值。

表 19-2　浓度和荧光强度数值

$V_{标准}$（cm^3）	0.00	0.25	0.50	0.75	1.00	1.25
浓度（$\mu g/cm^3$）	0	5.00	10.00	15.0	20.0	25.0
荧光强度 A_i						
$r=$		$a=$		$b=$		$y=$

2. 萃取液中油浓度的计算

以（$A_a - A_b$）的值从标准曲线上查出或根据工作曲线计算出沉积物萃取液中相应的油浓度 c_{oil}（$\mu g/cm^3$）。

3. 计算沉积物干样中油的含量

$$W_{oil} = \frac{\rho V}{KM(1 - W_{H_2O})}$$

式中，W_{oil} 为沉积物干样中油类的含量，单位为 $\mu g/g$；

ρ 为从标准曲线上查出的油的浓度，$\mu g/cm^3$；

V 为正己烷萃取液体积，cm^3；

K 为萃取效率系数；

M 为样品的称取量，g；

W_{H_2O} 为风干样的含水率，％。

五、注意事项

（1）说明：本法适用于近海、河口沉积物中油类的测定。检出限为 3×10^{-6}；精密度为：平行 6 次测定二组沉积物样，油含量质量比分别为（80.1 ± 1.4）$\times 10^{-6}$ 和（300 ± 8.3）$\times 10^{-6}$，相对标准偏差分别为 1.7％和 2.8％。准确度：6 个实验室考核本方法准确度，回收率为 96 ± 5％。

（2）所用玻璃器皿用去污粉和重铬酸钾洗液洗净，依次用自来水、蒸馏水淋洗，于烘箱中在 150℃烘干。容量瓶、吸管自然晾干，使用前用正己烷洗涤 2 次。

（3）测定池易被玷污，要注意保持洁净，使用前须校正测定池的误差。

（4）用过的活性炭和正己烷经处理后可重复使用。

（5）塑料、橡胶材料对测定有干扰，应避免接触。

（6）若用本法测定沉积物中石油的含量，则在称样后加 20 cm^3 氢氧化钾—乙醇溶液，混匀后加盖，在室温下皂化 15 h（最初 2 h 内，每隔半小时振荡试管一次）

后再用正己烷萃取测定。萃取效率系数的测定中也相应地增加此皂化步骤。该时,氢氧化钾—乙醇溶液的用量为 $1.00\ \mathrm{cm}^3$,95% 乙醇的试剂空白吸光值大于 0.01时,应该用蒸馏法提纯。

图 19-1　F-2700 型分子荧光分光光度计

实验二十　海洋沉积物中汞与有机质的相互作用 *

一、概述

自日本水俣病事件发生以来,汞便成了环境化学研究的重要对象之一。特别是原子荧光分光光度法测定汞方法的改进和完善,使汞的地球化学行为研究更加深入。

汞和其他重金属元素一样容易被水中无机和有机悬浮颗粒所吸附,并逐渐沉入海底,因此,海洋底质中汞的含量可以很好地反映环境中汞的污染状况。研究表明,海洋底质中汞的含量与有机质或氧化铁含量呈正相关,其相关关系式具有一定的地区性,是环境质量的一个重要特征。从它们之间的相关性还可推断汞自水相转入沉积相的可能机制。

本实验选择青岛前海的一些站位,测定各站位底质中汞和有机质的含量,再用数理统计的方法,找出海洋底质中汞和有机质之间的关系。

二、实验目的

掌握沉积物样品中汞的测定及预处理方法;了解底质中汞与有机质含量之间的一般关系,从而推断汞从水相转入沉积相的可能机制。

三、实验原理

1. 沉积物中汞的测定原理

在酸性条件下,用氧化剂将底质中的有机汞转化为无机汞,再用原子荧光分光光度计进行测定(详见实验四),测定的是底质中各种形态汞的总含量。

2. 有机质的测定原理

在加热条件下,用一定量标准重铬酸钾-硫酸溶液来氧化底质中的有机碳,多余的重铬酸钾用硫酸亚铁铵标准溶液回滴,通过消耗的重铬酸钾的量计算出有机碳的含量,然后乘以 1.724(假定有机质含碳量平均值为 58%,因此,用有机碳换算有机质的换算公式为:100/58＝1.724),即得有机质的含量。

四、仪器与试剂

1. 仪器

(1) 原子荧光分光光度计,1 台;

(2) 试管:25 cm^3,18×16 mm,若干;

(3) 电动吸引器;

(4) 移液器:1 cm^3,5 cm^3,若干;

(5) 油锅:1 个;

(6) 滴定管:50 cm^{3}1 支;

(7) 试管架:1 个;

(8) 三角烧瓶:250 cm^3,若干;

(9) 温度计:1/10 刻度(0～360℃)1 支。

2. 试剂

(1) H$_2$SO$_4$ 溶液(1∶1):按比例混合浓硫酸和 Milli-Q 水。

(2) KMnO$_4$ 溶液(5%):称取 5 g 优级纯 KMnO$_4$,溶解到 100 cm^3 Milli-Q 水中。

(3) 盐酸羟胺溶液(10%):称取 10 g 优级纯盐酸羟胺,溶解到 100 cm^3 Milli-Q 水中。

(4) 硫酸银:固体

(5) 汞的试剂(见实验四)

(6) KCr$_2$O$_7$-H$_2$SO$_4$ 溶液(0.4 mol/dm^3)

(7) 0.2 mol/dm^3 硫酸亚铁铵

(8) 邻啡啰啉指示剂

五、实验步骤

1. 汞工作曲线的配制

制作汞的工作曲线(见实验四),将数值填入表 20.1 中。

2. 底质样品的测定

(1) 取 7～8 个站位的底质样品,各准确称取 0.2 g(干燥过 160 目筛),另取一支试管不加样品作为空白,然后各加 8 cm^3 1∶1 的 H$_2$SO$_4$ 和 5 cm^3 5% 的 KMnO$_4$溶液,混匀。

(2) 将试管置于沸水中消化 2 h,每 10～20 min 搅拌 1 次,然后取出冷却。(注意:消化过程中要保持消化液呈红色,若褪色,需补加适量的 KMnO$_4$ 溶液,以保持氧化剂过量。)

(3) 滴加 10% 盐酸羟胺溶液,使过量 KMnO$_4$ 的紫红色完全褪去,然后将溶液转入 100 cm^3 容量瓶中,用蒸馏水稀释至标线。

(4) 依据底质中汞浓度的高低,适量移取上述溶液于汞发生器中,按测无机汞的方法测定汞含量。同时测定试剂空白 2 份,平均值为 $\bar{A}_0$,将数据填入表 20.2 中。

3. 底质中有机质的测定

(1) 0.2 mol/dm^3 硫酸亚铁铵浓度的标定。

移取 10.00 cm^3 浓度为 0.40 mol/dm^3 的 K$_2$CrO$_7$ 标准溶液于 250 cm^3 三角瓶

中,加蒸馏水 50 cm³ 和邻啡啰啉指示剂 2～3 滴,以 0.2 mol/dm³ 硫酸亚铁铵溶液滴定,滴定终点附近,溶液颜色由橙变绿再变青,最后变为红棕色,并将标定结果填入表 20.3 中。

(2)底质中有机质的测定。

称取 0.1～0.5 g 试样,置于试管中,加约 0.1 g 固体硫酸银和 10 cm³ 浓度为 0.40 mol/dm³ 的重铬酸钾-硫酸溶液。在试管口放一小型漏斗,以冷凝蒸气,并防止溶液溅出。

(3)将一批试管插入铁丝笼中(内有空白管一支),然后置于 185～190℃ 的油浴锅中,此时温度降至 170～180℃,维持此温度至试管内容物沸腾算起煮沸 5 min,取出铁丝笼,稍冷后将试管外壁油液擦净。

(4)将试管内容物倒入三角瓶(250 cm³)中,洗净小漏斗及试管,将洗液一并倒入三角瓶中,控制溶液在 60～70 cm³(保持溶液酸度为 2 mol/dm³),加指示剂 2～3 滴,此时溶液为橙色,用 0.2 mol/dm³ 硫酸亚铁铵溶液滴定,终点为红棕色。将数据记入表 20.3 中。

(5)在一批样品测定的同时,进行一个空白试验,即用纯砂或在 400～500℃ 灼烧 2 h 已经去除有机物的泥样代替试样,其他步骤均同样品一致。

4. 清洗试管和小漏斗等玻璃仪器,实验结束

六、结果计算

1. 做汞的工作曲线

按照表 20-1 中所记录的数据,绘制汞的工作曲线。

表 20-1　汞的工作曲线记录表

序号	加入标准使用液体积 (cm³)	测定液含汞量 (μg)	A			$\bar{A} - \bar{A}_0$
			A_1	A_2	平均值($\bar{A}$)	
0						
1						
2						
3						
4						
5						
6						

2. 计算或查出待测样品中汞的含量

根据工作曲线和表 20-2 中数据,计算或查出待测样品中汞的含量。

表 20-2　底质中总汞分析记录表

序号	取样量 (g)	测定液含汞量(μg)	A			$\bar{A} - \bar{A}_0$	由工作曲线查得含汞量(μg)	底质中汞浓度(μg/g)
			A_1	A_2	平均值($\bar{A}$)			
0								
1								
2								
3								
4								
5								
6								

3. 计算沉积物样品中的有机物含量

按公式(20-1)计算底质样品中有机质的含量,将有机质含量计入表 20-3 中:

$$有机质\% = \frac{(V_0{}' - V_0^2) \times c_0 \times 0.005\,172}{G} \times 100 \qquad (20\text{-}1)$$

式中:$V_0{}'$ 为滴定空白试验硫酸亚铁铵的体积,cm^3;

V_0^2 为滴定试样硫酸亚铁铵的体积,cm^3;

c_0 为硫酸亚铁铵溶液的浓度,mol/dm^3;

m 为样品重量,g;

0.005 172—0.003×1.724(其中 0.003 为 0.1 mol/dm^3 重铬酸钾溶液相当的有机碳的摩尔浓度,1.724 由 100/58 而得)。

表 20-3　底质有机质测定记录表

序号	测定试样用量(cm^3)	取样量	有机质(%)
0			
1			
2			1. $K_2Cr_2O_7$ 标准液
3			2. $(NH_4)_2Fe(SO_4)_2$ 溶液
4			(1) _____ cm^3
5			(2) _____ cm^3
6			(3) 平均____ cm^3　$c=$_____。
7			
8			

4．作图

把测得的底质中汞和有机质含量数据列表，以有机质含量为横轴，汞含量为纵轴作图。

5．讨论

找出汞和有机质含量的相互关系，若为线性，请用线性方程表示出来，并加以讨论。

七、思考题

（1）在消化沉积物的过程中，可能会对汞浓度产生怎样的误差？原因是什么？

（2）为何消化汞时需在100℃下进行，而消化有机物却需要在油浴中？

实验二十一　河口区铁的行为 *

一、概述

河口是淡咸水的交汇口,是物质由河流输入海洋的重要区域,在此区域内物质的迁移、转化以及通量等一直得到关注。

在由陆地输入海洋的物质中,有 85% 通过河口输入。在这些物质中,进入远洋的物质为 170×10^{14} g/a,剩余约 40×10^{14} g/a 在河口海域沉积下来。物质发生转移的原因主要有:在河口,河水受海水影响,盐度、pH 和固体悬浮物(SS)等水环境因素发生变化,导致某些成分产生絮凝作用而沉淀;悬浮物和水体之间的物质交换,即各种固体与溶解成分之间的交换吸附作用与沉积作用;生物作用,包括吸收、累积和分解等。本实验以化学性质活泼的铁元素为例,探讨微量元素在河口海域的行为。

铁是地壳中含量丰富、分布广泛的元素,是生物必需元素之一。天然水中的含铁量差异甚大,海水(盐度为 35)溶解铁的平均含量为 10 $\mu g/dm^3$,而河水中溶解铁的含量通常为几百 $\mu g/dm^3$ 且多数以铁的高分子有机络合物(如铁的腐殖酸络合物)的形式存在。在河口混合区域,由于盐度、pH 的变化以及有机胶体的絮凝沉淀,铁便从水相中除去。因此,在河口区,铁是一种典型的非保守元素,即铁在混合水体中的浓度比正常的理论稀释曲线来得低,而且许多重金属微量成分也伴随着铁的絮凝而被吸收转移,极大地影响了它们的地球化学过程。因此,铁在河口海区的行为具有典型性。

二、实验目的

(1) 设计实验,模拟河口混合过程,研究铁在河口混合过程中的转移行为和影响因素;

(2) 了解河口混合过程中铁对其他元素转移的影响。

三、实验内容

1. 铁的转移实验

参考实验十五,选择合适的铁盐(如 $FeCl_3$),配制溶解铁浓度相对较高(查阅文献确定)的模拟河水。与溶解铁浓度较低的天然海水按不同比例混合,经一定时间后测定混合液中铁的浓度,了解铁浓度随盐度的变化以及其他要素(如 pH)

的变化。与理论稀释线对比,得出模拟河口混合过程中铁的行为。

2. 共存悬浮物的影响

对比含有悬浮物和不含有悬浮物时,在模拟混合过程中铁浓度的变化,讨论共存悬浮物的影响。

3. 对其他元素迁移的作用

在上述实验中添加共存的其他可与铁发生共沉淀或吸附的元素(如 Cu^{2+},查阅文献,选择合适的金属盐与浓度),研究铁对其他元素迁移的影响。

四、实验设计、操作及报告要求

(1)列出实验原理和操作步骤,选择合适的铁及共存元素的测定方法,选择其他相关要素的测定方法。

(2)列出实验所需的仪器设备、试剂及配制方法。

(3)完成实验,给出测定结果,讨论铁在河口混合过程中的行为、影响因素,及对其他元素迁移的作用。

(4)完成实验报告。

五、问题讨论

(1)测定海水中铁浓度的方法有哪些?

(2)铁在保存过程中可能会受到哪些因素的影响? 如何减小这些影响?

(3)在河口海区,有哪些因素会影响铁的浓度和分布?

(4)河口海域对海水中元素的浓度有什么影响?

附录 21.1　海水中铁浓度的测定:邻菲啰啉分光光度法

一、测定原理

用抗坏血酸将试液中的 Fe^{3+} 还原成 Fe^{2+}。在 pH 值为 2～9 时,Fe^{2+} 与 1,10-菲啰啉生成橙红色络合物,在分光光度计最大吸收波长(510 nm)处测定其吸光度。在特定的条件下,络合物在 pH 值为 4～6 时测定。

二、仪器与试剂

1. 仪器

(1) 分光光度计,1 台

(2) 实验室盐度计,1 台

(3) 烧杯 200 cm³,12 个

(4) 比色管(50 cm³),18 支

(5) 移液管,若干

2. 试剂

分析时只能使用优级纯试剂,蒸馏水为 Milli-Q 纯水或相当纯度的纯水。

(1) 盐酸(180 g/dm³):将 409 cm³ 质量分数为 38% 的盐酸溶液($\rho = 1.19$ g/cm³)用水稀释至 1 000 cm³,并混合混匀。

(2) 氨水(85 g/dm³):将 374 cm³ 质量分数为 25% 氨水($\rho = 0.910$ g/cm³)用水稀释至 1 000 cm³,并混合混匀。

(3) 乙酸-乙酸钠缓冲溶液(在 20℃ 时 pH=4.5):称取 164 g 无水乙酸钠用 500 cm³ 水溶解,加 240 cm³ 冰乙酸,用水稀释至 1 000 cm³。

(4) 抗坏血酸(100 g/dm³):称取 50 g 抗坏血酸,溶于 500 cm³ 水中。置于冰箱中保存,保质期为一周。

(5)1,10-菲啰啉-盐酸-水合物($C_{12}H_8N_2$-HCl-H_2O),或 1,10-菲啰啉-水合物($C_{12}H_8N_2 \cdot H_2O$)(1 g/dm³):用水溶解 1 g 的 1,10-菲啰啉-水合物或 1,10-菲啰啉-盐酸-水合物,并稀释至 1 dm³。避光保存。

(6) 铁贮备液(0.200 g/dm³ 的 Fe)

按下法之一制备:

① 称取 1.727 g 十二水硫酸铁铵[$NH_4Fe(SO_4)_2 \cdot 12H_2O$],精确至 0.001 g,

用约 200 cm³ 水溶解,定量转移至 1 dm³ 容量瓶中,加 20 cm³ 硫酸溶液(1+1),稀释至刻度并混匀。

② 称取 0.200 g 纯铁丝(质量分数为 99.9%),精确至 0.001 g,放入 100 cm³ 烧杯中,加 10 cm³ 浓盐酸(ρ=1.19 g/cm³)。缓慢加热至完全溶解,冷却,定量转移至 1 dm³ 容量瓶中,稀释至刻度并均匀。

三、测定步骤

1. 配制铁使用溶液

准确移取 5.0 cm³ 铁标准溶液 0.200 g/dm³ 至 50 cm³ 容量瓶中,稀释至刻度并混匀。该溶液浓度为 0.020 g/dm³。

2. 配制铁标准系列

适用于光程为 1 cm、2 cm、4 cm 或 5 cm 的比色皿吸光度的测定。

根据试液中预计的铁含量,按照表 21-1 指出的范围在一系列 100 cm³ 容量瓶中,分别加入给定体积的铁标准使用溶液。

表 21-1　标准系列的铁贮备液取液量和浓度

试液中预计的铁含量/μg					
50～500 (l^*=1 cm)		25～250 (l^*=2 cm)		10～100 (l^*=4～5 cm)	
铁使用标准溶液(cm³)	对应的铁含量(μg)	铁使用标准溶液(cm³)	对应的铁含量(μg)	铁使用标准溶液(cm³)	对应的铁含量(μg)
cm³	μg	cm³	μg	cm³	μg
0	0	0	0	0	0
2.5	50	3.00	60	0.50	10
5.00	100	5.00	100	1.00	20
10.00	200	7.00	140	2.00	40
15.00	300	9.00	180	3.00	60
20.00	400	11.00	220	4.00	80
25.00	500	13.00	260	5.00	100

＊:l 代表比色皿的光程。

每个容量瓶都按下述规定同时同样处理:

用水稀释至约 60 cm³,用盐酸溶液调至 pH 为 2(用精密 pH 试纸检查)。加 1 cm³ 抗坏血酸溶液,然后加 20 cm³ 缓冲溶液和 10 cm³ 的 1,10-菲啰啉溶液,用水稀释至刻度,摇匀。放置不少于 15 min。

3. 空白溶液的配制

在配制标准系列的同时,用制备溶液的全部试剂和相同配比制备空白溶液,稀释至相同体积,同标准系列一起测定。

4. 吸光度的测定

选择适当光程的比色皿(见表 21-1),于最大吸收波长(约 510 nm)处,以水为参比溶液,用分光光度计进行吸光测定。

5. 样品的测定

准确移取 $60.0~cm^3$ 的待测水样,其中铁含量在 $60~cm^3$ 中不超过 $500~\mu g$,用盐酸溶液调整 pH 值为 2(用精密试纸检查 pH 值),然后将样品定量转移至 $100~cm^3$ 的容量瓶内,按前后顺序加入 $1~cm^3$ 抗坏血酸溶液、$20~cm^3$ 缓冲溶液和 $10~cm^3$ 的 1,10-菲啰啉溶液,用水稀释至刻度,摇匀。显色不少于 15 min,用分光光度计测定样品的吸光度。每个水样平行测 2 份。

四、数据处理

1. 绘制工作曲线

以每 $100~cm^3$ 含 Fe 量(mg)为横坐标,对应的吸光度为纵坐标,绘制工作曲线。

2. 海水样品中 Fe 浓度的计算

从每个海水样品的吸光度中减去试剂空白的吸光度,根据工作曲线计算水样中的铁浓度。

附录 21. 2　实用盐度的测定

含盐是海水的重要特性。盐度是反映海水含盐量的一个参数,是研究海水化学过程的基本要素。

1. 仪器

实验室海水盐度计 SYA2-2 型,如图 21-1 所示。

1. 标准进样口　2. 标准进样口　3. 样品架　4. 样品进样口　5. 恒温槽
6. 搅拌调速　7. 排水口　8. 出水口　9. 显示屏　10. 操作键盘
11. 温盐选择　12. 气泵　13. 搅拌　14. 蓄水池气孔
图 21-1　SYA2-2 型实验室盐度计

2. 原理

盐度计是通过测量海水的相对电导比来确定海水盐度的精密仪器。

在 15℃时,海水的实用盐度与相对电导比之间存在以下关系:

$$S = \sum_{i=0}^{5} a_i K_{15}^{i/2}$$

式中,K_{15} 为相对电导率,即在 15℃ 和 101 325 Pa 下,水样的电导率和质量比为 $32.435\ 6 \times 10^{-3}$ 的 KCl 溶液的电导率之比,简称电导比($i = 0 \sim 5$)。

$$a_0 = 0.008\ 0 \qquad\qquad a_1 = -0.169\ 2$$
$$a_2 = 25.385\ 1 \qquad\qquad a_3 = 14.094\ 1$$

$$a_4 = -7.026\ 1 \qquad\qquad a_5 = 2.708\ 1$$

当温度为 T 时(单位：℃)，需对计算值进行修正：

$$S = S_\text{未} + \Delta S = \sum_{i=0}^{5} a_i R^{i/2} + \Delta S$$

式中：R_t 为在任意温度和 101 325 Pa 下，水样的电导率和实用盐度为 35 的标准海水的电导率之比($i = 0\sim5$)。

ΔS 为修正值：

$$\Delta S = \frac{(T-15)}{1+A(T-15)} \left[\sum_{i=0}^{5} b_i K_t^{i/2} \right]$$

$$A = 0.016\ 2 \qquad\qquad b_0 = 0.000\ 5$$

$$b_1 = -0.005\ 6 \qquad\qquad b_2 = -0.006\ 6$$

$$b_3 = -0.037\ 5 \qquad\qquad b_4 = 0.063\ 6$$

$$b_5 = -0.014\ 4$$

3. 测定步骤

(1) 仪器的准备

① 经顶上水槽进水孔注满去离子水(冬季 1~2 月换一次，夏季半月换一次)。

② 插好电源线。

③ 打开电源开关(该开关在后面板)，控制板进行自测试。如果自检正常，闪烁显示 P；如果自检错误，仪器告警，应立即关机。

④ 按动搅拌(STIR)开关，调整搅拌速度(STIR SPEED)旋钮，直到使水槽中水搅拌起水花为止。通电稳定 15 min。

⑤ 接通进水管。

⑥ 取标准海水(记录批号、生产日期，若使用中国标准海水，请记录 R_{15} 和盐度值)和待测水样，准备向电导池注入标准海水。

(2) 定标。

① 将标准海水注入电导池内

a. 将标准海水进样管插入标准海水内，将标准(STD)的两个开关旋转 90°，按下气泵"PUMP"开关，用手指按住储水池孔，将标准海水注入标准电导池内(注意要使电导池中无气泡)。然后将标准(STD)两开关旋转复位，按下气泵"PUMP"开关，气泵停止抽气。

b. 将待测水样水管插入标准海水内，将样品(SAMPLE)开关旋转 90°，以下步骤同 a。

　　a. b 步骤重复两次即可

　　② 置入 R_{15}：按动 R_{15} 键，显示器上显示 H-1.000 00 值。按动数字键使 R_{15} 显示值等于标准海水的 R_{15} 值（国际标准海水为 K_{15} 值）。如置错数字，可按退格键进行修改。

　　③ 监视输出电压：按"V"键，监视测量电路的输出电压，电压稳定时表示电导池内海水盐度与水槽温度达到平衡。

　　④ 测温电路电压稳定后，将工作选择开关置于测温"T"位置，然后按测温（T. MST）键，20 s 后即可显示出温度值。

　　⑤ 定标测温后，将工作选择开关置于测盐位置，按定标（CAL）键，仪器进行盐度定标。20 s 后，显示出定标常数 K 值。3 s 后显示出标准海水的盐度值。如果示值不对，可按 R_{15} 键检查 R_{15} 值。这时将 K 值抄下来以备下次开机使用。

　　⑥ 测盐：按测盐（T. MAT），显示器显示出标准海水的盐度值。

　　⑦ 如第（6）步显示值不同于第（5）步的盐度值时，可重复（5）、（6）步骤，直到显示盐度相同为止。一般相差±0.001 即可。

　　（3）测样品海水盐度。

　　① 将待测水样水管插入"水样进水孔"内，将样品（SAMPLE）开关旋转 90°，其后按定标的 1(a)、2、4、6、步骤进行。

　　② 打印：按打印（PRINT）键完成打印操作（注：打印同时完成数据的存储）。

　　③ 在全部水样测定后，两个电导池内应注入蒸馏水。

　　（4）关闭电源，实验结束。

第六部分　海水的物理-化学性质

　　海水是中等强度的电解质溶液,含有高达35的盐度和种类繁多的元素,因此,作为海水本身,其物理化学性质与纯水和一般溶液有本质的区别。例如作为溶剂性质的改变,如饱和蒸汽压、冰点、沸点、黏度、缓冲容量等,作为溶质性质的改变,如离子水化数、离子活度等。本部分研究海水的这些物理化学性质。

实验二十二　海水的饱和蒸汽压

一、概述

通常温度下(距离临界温度较远时),纯液体与其蒸汽达到平衡时的蒸汽压成为该温度下液体的饱和蒸汽压,简称为蒸汽压。同一物质在不同温度下有不同的饱和蒸汽压,并随着温度的升高而增大。纯溶剂的饱和蒸汽压大于溶液的饱和蒸汽压;对于同一物质,固态的饱和蒸汽压小于液态的饱和蒸汽压。

对于海水而言,由于其中含有大量的盐分,势必与纯溶剂的饱和蒸汽压有一定的差别。本实验测定海水的饱和蒸汽压,并与纯水进行比较,探讨盐分对海水性质的影响。

二、实验目的

运用克劳修斯-克拉贝龙方程,求出所测温度范围内的平均摩尔气化焓及正常沸点;掌握测定海水饱和蒸汽压的方法。

三、实验原理

液体的饱和蒸汽压与温度的关系用克劳修斯-克拉贝龙方程式(Clausius-Clapyron Equation)表示:

$$\frac{\mathrm{d}\ln p}{\mathrm{d}T} = \frac{\Delta_{\mathrm{vap}}H_m}{RT^2} \tag{22-1}$$

式中,R 为摩尔气体常数;T 为热力学温度;$\Delta_{\mathrm{vap}}H_m$ 为在温度 T 时纯液体的摩尔汽化热;p 为液体的饱和蒸汽压。

假定 $\Delta_{\mathrm{vap}}H_m$ 与温度无关,或因温度范围较小,$\Delta_{\mathrm{vap}}H_m$ 可以近似作为常数,积分(22-1)式得:

$$\ln p = \frac{\Delta_{\mathrm{vap}}H_m}{R} \cdot \frac{1}{T} + C \tag{22-2}$$

其中,C 为积分常数。由式(22-2)可见,以 $\ln p$ 对 $1/T$ 作图,应为一条直线,直线的斜率为 $-\dfrac{\Delta_{\mathrm{vap}}H_m}{RT^2}$,由斜率可求算液体的 $\Delta_{\mathrm{vap}}H_m$。

测定液体的饱和蒸汽压可以采用静态法和动态法。其中静态法是指在某一温度下,直接测量饱和蒸汽压,此法一般适用于蒸气压比较大的液体,又分为升温法和降温法两种。本实验采用升温法测定不同温度下海水的饱和蒸汽压,所用仪器是饱和蒸汽压测定装置,如图 22-1 所示。平衡管由 A 球和 U 型管 B,C 组成。平衡管上接一冷凝管,以橡皮管与压力计相接。A 球内装待测液体,当 A 球的液面上纯粹是待测液体的蒸汽,而 B 管与 C 管的液面处于同一水平时,则表示 B 管液面上(即 A 球液面上的蒸气压)的压力与加在 C 管液面上的外压相等。此时,体系气液两相平衡的温度称为液体在此外压下的沸点。

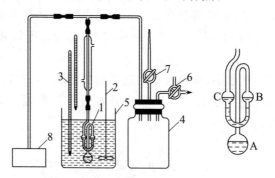

图 22-1　液体饱和蒸汽压测定装置图

1-平衡管;2-搅拌器;3-温度计;4-缓冲瓶;5-恒温水浴;6-三通活塞;7-直通活塞;8-精密数字压力计;A,B,C 为平衡管的不同部分。

四、实验用品

(1) 仪器设备:恒温水浴;平衡管;压力计;真空泵及附件。

(2) 试剂:海水。

五、实验步骤

1. 装置安装

将待测海水样品装入平衡管,A 球海水约为 2/3 体积,B 和 C 球部海水各 1/2 体积,然后按图 22-1 安装好整套装置。

2. 检漏

关闭活塞 7,调节三通活塞 6 使系统与真空泵联通,打开真空泵,抽气到压力计显示的气压为 25～30 kPa 时,调节三通活塞 6 停止系统抽气。观察压力计的气压变化情况,如果压力计的数值能在 3～5 min 内维持不变,则表明系统不漏气,否则需要逐段检查装置,直到不漏气为止。

3. 升温

开动恒温水浴的搅拌器,调节加热器电压在 160 V 左右。

4. 排气

当水浴温度超过 50℃时,等压管内液体开始沸腾,即大量气泡通过液栅由 C

管排出;沸腾 3~5 min(每秒钟排出 3~4 个气泡)就可以除去 AB 间的空气及溶在液体的空气;注意调节加热器电压,控制恒温槽温度在 52℃左右。

5. 蒸汽压的测定

当空气被排除干净且体系温度恒定后,旋转直通活塞 7,使体系通过毛细管缓慢吸入空气逐渐升高压力,直到稳压瓶中的压力快接近蒸汽压时为止。然后调节调压器,改变加热电压,直到 B、C 液面相对位置不变,此时表示温度已恒定,等压管和稳压管的温度相同,没有热交换。最后将 B、C 液面基本调平,这是稳压管的气压就等于等压管内的气压,稳定 1 min 左右,迅速记下温度 T,压力计的读数 p。

继续用加热器加热水浴,加热过程中适当调节活塞 7,使液体不激烈沸腾,当温度升高 3~4℃时再重复上述步骤。一直升温到 75℃附近。记录实验数据,总共测 10 个点,将数据填入表 22.1。

6. 结束

实验完成后,将系统与大气相通,关闭调压器,整理实验台。

六、结果计算

(1) 将数据填入表 22-1。

表 22-1 测量温度下海水的饱和蒸气压

实验序号	T(℃)	T(K)	p(kPa)	$1/T(10^{-3}K^{-1})$	$\ln(p/Pa)$
1					
2					
3					
…					

(2) 以 $1/T$ 为横坐标、$\ln p/Pa$ 为纵坐标作图,由直线的斜率 m 可以计算蒸发过程的焓变。

$\Delta_{vap}H_m = -Rm$,R 为热力学常数,取值为 8.314。

(3) 将 $\Delta_{vap}H_m$ 带入公式(22-2),计算在 1 个大气压,即 $p=101.325$ kPa 时,海水的沸点 T_b。

七、讨论与思考

(1) 查阅海水蒸气压、蒸发焓和沸点的理论值,与实测值比较,并分析原因。

(2) 查阅纯水的相关参数,跟海水进行比较,分析二者差异的原因。

(3) 分析实验过程产生误差的原因并提出改进措施。

八、注意事项

（1）等压管中，A、B 液面间的空气必须排净。

（2）在操作过程中，要防止液体倒吸，即 C 处气体通过液栅吸入 AB 的空间。一旦倒吸，需重新排气。

（3）在升温过程中，需随时调节活塞 7，以避免液体剧烈沸腾。

实验二十三　海水的酸碱缓冲容量*

一、概述

溶液的酸碱缓冲能力用缓冲容量来表示。缓冲容量指的是使 1 dm³ 溶液的 pH 值改变 1 所需加入强酸或强碱的量，表达式为：

$$\beta = \frac{\mathrm{d}c_b}{\mathrm{dpH}} \text{ 或 } \beta = -\frac{\mathrm{d}c_a}{\mathrm{dpH}}$$

式中，β 为缓冲容量，c_b 和 c_a 分别为单位体积溶液中加入强碱或强酸的量（mol/dm³），负号表示加酸导致溶液 pH 值降低。

海水 pH 值的变化范围通常维持在 7.5～8.2 之间，其范围较小，是因为与淡水相比，海水具有较大的缓冲能力。海水中起缓冲作用的成分为海水中的弱酸盐与弱酸构成的共轭酸—碱体系，主要为二氧化碳—碳酸盐体系，浓度较大（以 DIC 衡量）；硼酸—硼酸盐体系也有少量贡献（约 3%）。其他弱酸盐如磷酸盐和硅酸盐等浓度较低，对海水缓冲容量的贡献通常可忽略不计。

若仅考虑碳酸盐体系对海水缓冲容量的贡献，主要为下列平衡：

$$H_2O + CO_2 \Longrightarrow H^+ + HCO_3^-$$

$$HCO_3^- \Longrightarrow H^+ + CO_3^{2-}$$

由此可见，海水的 pH 值及缓冲性由 CO_2—HCO_3^-—CO_3^{2-} 二元共轭酸—碱体系控制，其缓冲容量为：

$$\beta_{SW} = \frac{\mathrm{d}}{b_{pH}}(c_{HCO_3^-} + 2c_{CO_3^{2-}} + c_{H^+} + c_{OH^-}) \approx \frac{\mathrm{dCA}}{\mathrm{dpH}} \tag{23-1}$$

式中，CA 为海水的碳酸碱度。将碳酸盐体系各分量表示为总碳酸盐（DIC）与表观解离平衡常数以及氢离子活度的关系，在一定 pH 范围内忽略 H^+ 和 OH^- 的贡献，则为：

$$\beta_{SW} \approx 2.303 \mathrm{DIC} \cdot a_{H^+} \cdot K'_1 \frac{a_{H^+}^2 + 4a_{H^+}K'_2 + K'_1 K'_2}{(a_{H^+}^2 + a_{H^+}K'_2 + K'_1 K'_2)^2} \tag{23-2}$$

因此，β_{SW} 的大小与海水中 DIC 的含量有关，并随 pH 的变化而发生变化（见图 23-1）。

二元共轭酸-碱体系的最大缓冲容量与 pK'_1 和 pK'_2 的差异有关。由于海水碳酸盐体系的 $pK'_1 \approx 6$，$pK'_2 \approx 9$，差异较大，因此，当 pH 接近于 6 或 9 时，出现最大缓冲容量，其值为：

$$\beta_{max} \approx 0.576 DIC \qquad (23-3)$$

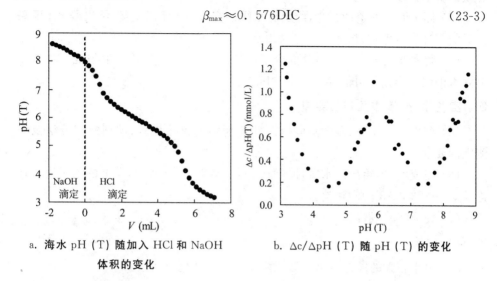

a. 海水 pH (T) 随加入 HCl 和 NaOH
　体积的变化

b. $\Delta c/\Delta pH$ (T) 随 pH (T) 的变化

图 23-1　海水样品用酸和碱滴定过程中 pH(T) 的变化(a)及缓冲容量的求算结果(b)

　　实际上，自然条件下由强碱或强酸引起海水 pH 变化的情况是极其少见的，而海水与大气中 CO_2 交换以及光合或呼吸作用而引起海水 pH 的变化却是每时每刻都在发生的。因此，海水对 CO_2 增减所具有的缓冲性更符合海洋中的实际情况。海水中的 CO_2 增减反映在 DIC 量的改变上，以此（而非强碱或强酸）来表示的海水缓冲容量为：

$$\beta'_{SW} = \frac{dDIC}{dpH} = -2.303 CA \cdot a_{H^+} \cdot \frac{a_{H^+}^2 + 4a_{H^+}K'_2 + K'_1 K'_2}{K'_1 (a_{H^+} + 2K'_2)^2} \qquad (23-4)$$

两种海水缓冲容量的比值为：

$$\frac{\beta'_{SW}}{\beta_{SW}} = -\frac{CA}{DIC} \cdot \left[\frac{a_{H^+}^2 + a_{H^+}K'_2 + K'_1 K'_2}{K'_1 (a_{H^+} + 2K'_2)} \right]^2 = -\frac{CA}{DIC} \cdot \left(\frac{DIC}{CA} \right)^2 = -\frac{DIC}{CA} \approx -1 \qquad (23-5)$$

即海水对 CO_2 的缓冲容量与对强碱和强酸的缓冲容量的大小是基本一致的。

　　研究海水的缓冲作用，对于了解海水的缓冲能力以及吸收大气 CO_2 所导致的海洋酸化程度与相关影响，具有重要的意义。

二、实验目的

　　(1) 设计实验，在一定 pH 范围内测定海水的缓冲容量；

　　(2) 认识海水缓冲容量的性质及影响因素。

三、实验内容

　　(1) 参考实验七的方法及实验装置，设计向海水中加入强酸和强碱测定缓冲容量的实验方法。

（2）测定海水的缓冲容量，给出海水缓冲容量随 pH 的变化，给出海水 pH 条件下的缓冲容量值，给出海水的最大缓冲容量及对应的 pH 值。

（3）将实验结果与缓冲容量的理论计算值进行比较，讨论一般情况下如何了解海水的缓冲容量及可能存在的影响因素。

四、实验设计、操作及报告要求

（1）列出实验原理、操作步骤以及实验所需的仪器设备、试剂配制方法及需测定的要素。

（2）完成实验，给出海水缓冲容量的测定结果，结合实验六、七的结果进行理论计算（式 23-2、23-3）和讨论。

（3）完成实验报告。

五、问题讨论

（1）海水较大的缓冲容量对海洋生物和气候变化有何意义？

（2）海水中离子对的形成、存在的颗粒态无机碳酸盐等对海水的缓冲容量是否有影响？

（3）缺氧海水中，哪些体系会对缓冲容量产生贡献？

（4）若根据海洋的实际情况，测定海水对 CO_2 的缓冲容量，应如何设计实验？

实验二十四　离子水化数的测定

一、概述

　　溶液中的溶质和溶剂存在相互作用,从严格意义上说,在溶液中不存在简单的离子,电解质不是以赤裸的离子存在于水溶液中的,而是以水合离子的形式存在。例如,质子在水中的主要存在形式为 $H_9O_4^+$(即 $H_3^+O \cdot 3H_2O$ 或 $H^+ \cdot 4H_2O$),OH^- 在水中以比较稳定的 $H_7O_4^-$［即 $OH(H_2O)_3^-$］形式存在。这种离子与水分子的相互作用称为离子水化。在与离子相互作用的水分子中,与离子作用强的、伴同离子在水溶液中运动的水分子的个数,即是离子水化数。

　　测定离子水化数的方法有很多,例如迁移数法、离子淌度(电导)法、电动势法、水化熵法、活度系数法等等。对于每一种方法,又有不同的测定原理和手段。本实验选用迁移法的原理,利用隔膜电解法直接测定离子水化数。测定离子水化数,可以帮助我们了解海水中离子的微观结构,对于了解海水的热力学性质具有重要的意义。

二、实验目的

　　掌握离子水化数的概念和测定方法;掌握隔膜电解法测定离子水化数的原理和方法;通过测定离子水化数,直观了解海水中离子和水的相互作用。

三、实验原理

　　隔膜电解法是通过测定体系中由于跟随离子一起运动而引起水分子数的变化从而计算水化数的方法。使用的离子交换膜对离子的通过具有选择性,如图24-1 所示。图中,在充满氯化物水溶液的电解池中,用阳离子交换膜作为电解池的隔膜,Ag-AgCl 电极作为电解的两极。$M^{z+} \cdot nH_2O$ 表示水化阳离子,价数为 z^+,水化数为 n。在外加电场作用下,水化阳离子通过隔膜,从阳极室迁移到阴极室,阴极室溶液体积逐渐增加,阳极室溶液体积逐渐减小。两极室溶液体积的变化由测量管测量得到。引起两极室溶液体积变化的因素主要有:通过隔膜的离子的迁移、通过隔膜的离子所携带的水分子的迁移和电极反应。测量管测量的溶液体积的变化是这些因素所造成的总结果。阴极室和阳极室溶液体积的变化分别用 ΔV_- 和 ΔV_+ 表示,其中扣除通过隔膜的离子和电极反应所引起的体积变化,则得被迁移的水的总体积为 ΔV_{H_2O}。

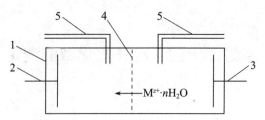

1—电解池；2—阴极；3—阳极；4—离子交换膜；5—测量管

图 24-1　隔膜法测定水化数原理图

设通过电解池的电量为 Q，通过隔膜的离子而引起阴极室或阳极室溶液体积的变化用 $V_{m,i}Q/z_iF$ 表示，$V_{m,i}$ 和 z_i 分别是通过隔膜的离子摩尔体积和价数，F 是法拉第常数。

电解时阴极反应为 $AgCl+e \longrightarrow Ag+Cl^-$，金属 Ag 和 Cl^- 的生成以及 AgCl 的消耗分别引起阴极室溶液体积的增加和减小。当 Q 库伦的电量通过电解池，阴极反应引起的体积净变化是 $\dfrac{(V_{m,Ag}+V_{m,Cl}-V_{m,AgCl})Q}{F}$，因此，迁入阴极室的水的体积 V 为：

$$V=\Delta V_- -V_{m,i}\frac{Q}{z_iF}-(V_{m,Ag}+V_{m,Cl}-V_{m,AgCl})\frac{Q}{F}$$

$$=\Delta V_- -\left(\frac{1}{z_i}V_{m,i}+V_{m,Ag}+V_{m,Cl}-V_{m,AgCl}\right)\frac{Q}{F} \quad (24\text{-}1)$$

根据同样分析，由阳极室迁出的水的体积为：

$$V=\Delta V_+ -\left(\frac{1}{z_i}V_{m,i}+V_{m,Ag}+V_{m,Cl}-V_{m,AgCl}\right)\frac{Q}{F} \quad (24\text{-}2)$$

式中，V_m 表示摩尔体积。

迁入阴极室和迁出阳极室的水的体积应相等，又因两极室的电极相同，则 ΔV_- 应等于 ΔV_+，其实验平均值用 $\Delta V_\pm$ 表示。于是以上两式可统一写为

$$V=\Delta V_\pm -\left(\frac{1}{z_i}V_{m,i}+V_{m,Ag}+V_{m,Cl}-V_{m,AgCl}\right)\frac{Q}{F} \quad (24\text{-}3)$$

根据被迁移的水的体积 V 可计算通过隔膜水的摩尔数。通过隔膜的阳离子的摩尔数为 $n_a=\dfrac{Q}{z_iF}$，z_i 是阳离子的价态，阳离子通过隔膜所携带的水的摩尔数为 $\dfrac{V_{H_2O}\cdot\rho_{H_2O}}{M_{H_2O}}$，其中，$M_{H_2O}$、$\rho_{H_2O}$ 分别是水的摩尔质量和被迁移的水的密度。则阳离子水化数等于被阳离子携带并通过隔膜的水的摩尔数与通过隔膜的阳离子的摩尔数之比，即阳离子水化数 h，如公式(24-4)所示。

$$h=\frac{V_{H_2O}\cdot\rho_{H_2O}}{M_{H_2O}}\cdot\frac{1}{\dfrac{Q}{z_iF}} \quad (24\text{-}4)$$

由此测得阳离子的水化数。

四、实验用品

1. 试剂

（1）NaCl 溶液（0.5 mol/dm³, 0.7 mol/dm³）：准确称取 29.25 g NaCl（或 40.95 g），溶解在 1 溶量瓶中。

（2）KCl 溶液（0.5 mol/dm³, 0.7 mol/dm³）：准确称取 37.30 g KCl（或 52.22 g），溶解在 1 溶量瓶中。

2. 仪器与装置

（1）电解池装置，如图 24-2 和 24-3 所示。

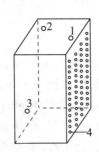 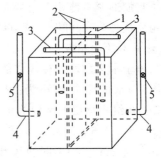

1—电极孔；2—测量管孔；3—调液管孔；4—离子通道　1—隔膜；2—电极；3—测量管；4—调液管；5—活塞

图 24-2　电极室　　　　　　　　图 24-3　电解池装置

阳离子交换膜为用 PVC 树脂为基质制得的苯乙烯型离子交换膜。电解池的两个极室尺寸相同，用 2～3 毫米厚的铜板制作，极室内涂一薄层防腐蚀涂料。每个极室的一个侧面上有许多小孔，是离子的通道。两个极室之间夹放两层阳离子交换膜，用环氧树脂将它们粘牢。两极室的溶液与外界之间以及两极室之间不允许存在渗漏现象。溶液注入电解池前需通过加热或通入高纯氮气，以驱赶其中的溶解气体，防止体积测量得不准确。

调液管的作用是调节测量管内液柱的适当位置。将待测溶液滴加到调液管中，则测量管内液柱的体积增加，从调液管内取出溶液，则测量管内液柱的体积减小。测量管用经过校正的量程为 0.1 cm³ 刻度量液管弯制而成。每次更换电解池的溶液，都需将测量管从电解池上取下来清洗干净。

（2）恒电位仪实现恒电流电解、铜库仑计。

五、实验步骤

（1）调节水槽内溶液的温度为 298.00 K±0.01 K。

（2）在恒温过程中，注入待测溶液，不断调节测量管内的液柱处于适当位置，直至液柱位置固定。关闭调液管的活塞，继续恒温一段时间，分别记录两极室测量管内液体的初始体积 V_{+1} 和 V_{-1}。电解结束后,分别记录两支测量管内液体的终了体积 V_{+2} 和 V_{-2},计算两极室溶液体积的变化 ΔV_- 和 ΔV_+,即 $\Delta V_\pm$。

（3）根据库仑计的阴极增重,计算电解电量 Q。

（4）更换溶液,测定另外一种溶液。

六、结果计算

1. 被迁移的水的体积

要计算被迁移的水的体积,需要知道由于离子迁移引起的体积变化,因此,需要有关离子和银、氯化银的摩尔体积。在水溶液中离子的半径可取其晶体离子半径,计算离子的摩尔体积。银和氯化银的相对质量密度分别为 10.50 和 5.56,从而可计算它们的摩尔体积。

利用公式(24-3),可以计算电解过程中水的体积变化。

2. 计算水的迁移数

计算离子水化数所需被迁移的水的密度,有不同方法。（1）根据单个水分子的转动体积,水的摩尔体积为 22.5 cm^3,由此得水的密度 $\rho_1 = 0.801$ g/cm^3;（2）把离子初级水化层的水视为失去平动自由度的冰,在 273 K 和 1 大气压下冰的密度 $\rho_2 = 0.9186$ g/cm^3;（3）采用实验温度(298.00±0.01 K)下液体水的密度 $\rho_3 = 0.9971$ g/cm^3。用不同的数值,可以得到不同的水化数,本实验统一使用第 2 个密度取值。

根据测得的电量 Q 和公式(24-4),计算水的迁移数。

七、思考题

（1）为何水的密度可以从不同的角度考虑?

（2）水的密度如果采用第 1 种和第 3 种密度取值,得到的结果有何区别? 你认识哪种取值更合理?

（3）电解质浓度不同时,测得的水化数会有什么规律?

（4）比较 K^+ 和 Na^+ 水化数的多少并解释原因。

（5）比较不同浓度时离子水化数的多少,并解释原因。

（6）离子水化对海水中元素存在形式有何影响?

八、注意事项

（1）两极间电位差需维持在 1 V 以下;

（2）本实验测定的是溶液微观结构的变化,因此,测定的数值必须非常精确,否则将出现错误的结果。

实验二十五　海水中的氢离子活度系数

一、概述

1. 基本概念

溶液中某组分的化学势取决于活度(a_i),通常表示为活度系数(γ_i)与摩尔分数(x_i)的乘积,或活度系数与质量或体积摩尔浓度(c_i 或 m_i)的乘积,即:

$$a_i = \gamma_{x,i} \cdot x_i, a_i = \gamma_{c,i} \cdot c_i, a_i = \gamma_{m,i} \cdot m_i$$

由于溶液是电中性的,所以单个离子的活度和活度系数是难以测量的。通过实验只能测量离子的平均活度系数 $\gamma_\pm$,它与平均活度 $a_\pm$、平均质量摩尔浓度 $m_\pm$ 之间的关系为:

$$a_\pm = \gamma_\pm \cdot m_\pm$$

活度是为使理想溶液(或极稀溶液)的热力学公式适用于真实溶液,用来代替浓度的一种物理量。活度系数受温度、水的介电常数、离子的浓度和价态等因素的影响。其测定方法有蒸气压法、凝固点降低法、图解积分法和电动势法等,测定的都是活度与实际浓度的偏离。

按照电解质溶液理论,溶液一般分为缔合式电解质和非缔合式电解质。对于非缔合式电解质稀溶液,一般以 Debye-Hückel 极限公式计算离子的活度系数。作为中等强度的电解质溶液,海水中的离子通常以缔合形式存在,其活度系数的计算应该使用缔合式电解质溶液的计算方法。比较典型的有 Bjerrum 的缔合电解质理论:该理论认为离子相互之间形成了以库仑力结合的缔合物,引入电解质的解离度 α,得到了更符合高浓度离子的活度系数公式。对于高价离子和多离子缔合物,Fuoss 等提出了改进方法,修正了活度系数公式。另外,Scatchard 模型、特殊相互作用模型等也提出了相应的公式,但这些公式中的许多经验参数在海水体系中尚无可靠的数值,而严格的统计力学理论无法应用于高浓度电解质溶液体系和像海水这样的复杂体系。Pitzer 理论解决了这些问题,因此,在 1975 年被 Whitfield 应用于海水体系,用于计算海水中主要和微量组分的活度系数(公式25-1~25-3),用此模型和公式计算得到的海水中部分离子的活度系数如表25-1所示。

电解质 MX 的平均离子活度系数:

$$\ln\gamma_{MX} = \ln\gamma'_{EL} + \left(\frac{2\upsilon_M}{\upsilon}\right)\sum_a m_a X_a + \left(\frac{2\upsilon_x}{\upsilon}\right)\sum_a m_c X_c + \sum_c \sum_a m_c m_a X_{ca} \quad (25\text{-}1)$$

阳离子 M 的活度系数公式：

$$\ln\gamma_M = \left(\frac{z_M}{z_X}\right)\ln\gamma'_{EL} + 2\sum_a m_a X_a + \sum_c \sum_a m_c m_a (z_M^2 B_{ca} + 2z_M c_{ca}) \quad (25\text{-}2)$$

阴离子 X 的活度系数公式：

$$\ln\gamma_X = \left(\frac{z_X}{z_M}\right)\ln\gamma'_{EL} + 2\sum_c m_C X_C + \sum_c \sum_a m_c m_a (z_X^2 B'_{ca} + 2z_X c_{ca}) \quad (25\text{-}3)$$

式中

$$\ln\gamma'_{EL} = -0.392|z_M z_X|\left[\frac{I^{1/2}}{(1+1.2I^{1/2})} + 1.6667\ln(1+1.2I^{1/2})\right]$$

$$X_a = B_{Ma} + \left(\sum_c m_c z_c\right)c_{Ma}$$

$$X_c = B_{cX} + \left(\sum_c m_c z_c\right)c_{cX}$$

$$X_{ca} = |z_M z_X|B'_{ca} + \left(2\frac{\upsilon_M z_M}{\upsilon}\right)c_{ca}$$

$$B_{MX} = \beta_{MX}^0 + (2\beta_{MX}^{(1)}/\alpha_1^2 I)f_1(\alpha_1) + (2\beta_{MX}^{(2)}/\alpha_2^2 I)f_1(\alpha_1)$$

$$B_{MX}^1 = (2\beta_{MX}^{(1)}/\alpha_1^2 I^2)f_2(\alpha_1) + (2\beta_{MX}^{(2)}/\alpha_2^2 I^2)f_2(\alpha_2)$$

$$f_1(\alpha_n) = 1 - (1+\alpha_n I^{1/2})exp(-\alpha_n I^{1/2})$$

$$f_2(\alpha_n) = (1+\alpha_n I^{1/2}+0.5\alpha_n^2 I)exp(-\alpha_n I^{1/2}) - 1$$

$$c_{MX} = c_{MX}^\phi/2 1 z_M z_X I^{1/2}$$

关于 α_1，α_2，对 $1:1$ 型和 $2:1$ 型电解质，只考虑 B_{MX} 式中前两项，$\alpha_1=2$，$\alpha_2=0$；对 $2:2$ 电解质，B_{MX} 的整个式子都要用，并取 $\alpha_1=1.4$，$\alpha_2=12$。式中其他符号见《海洋物理化学》(张正斌，刘莲生等，1989)。

表 25-1　按公式(25-1)—(25-3)计算的部分单离子活度系数

离子	离子强度(mol/dm³)							
	0.2	0.4	0.6	0.7	0.8	1.0	2.0	3.0
H^+	0.744	0.716	0.710	0.711	0.714	0.724	0.826	0.995
Na^+	0.724	0.677	0.652	0.643	0.637	0.626	0.614	0.634
K^+	0.709	0.653	0.620	0.607	0.597	0.581	0.537	0.528
Ca^{2+}	0.284	0.230	0.206	0.199	0.194	0.188	0.190	0.224
Cl^-	0.744	0.710	0.695	0.691	0.689	0.687	0.712	0.778

（续表）

离子	离子强度（mol/dm³）							
	0.2	0.4	0.6	0.7	0.8	1.0	2.0	3.0
Br^-	0.753	0.726	0.718	0.717	0.718	0.723	0.786	0.892
SO_4^{2-}	0.236	0.169	0.136	0.125	0.116	0.101	0.064	0.050
…	…	…	…	…	…	…	…	…

2. 海水中氢离子的活度系数

海水中氢离子活度是海洋中常见的参数,其以 10 为底的负对数就是海水分析中的常规参数 pH。根据实验七,由公式(7-13)可以得到体系中氢离子的浓度,由测得的 pH 和公式(7-15)和(7-16)可以得到氢离子的活度,因此,可以通过公式(7-14)计算得到海水体系中氢离子的活度系数。

在海水总碱度的测定方法中,一种简便的方法为在恒定温度下向一定体积的海水样品中加入过量的已知浓度的稀盐酸溶液,测定混合液的 pH(NBS 标度),可求得海水总碱度,计算过程中需使用氢离子的活度系数。因此,氢离子的活度系数使用较多且具有重要的实用价值。

本实验要求查阅相关教材和文献,参考非缔合式溶液离子活度系数的测定方法,设计实验测定海水氢离子活度系数。按照上述海水总碱度的简便测定的方法原理,向已知总碱度的海水中加入过量的盐酸,参考实验七的实验装置与方法,可测定一定温度和盐度条件下海水中氢离子的活度系数,并对其适用性和影响因素进行探讨。

二、实验目的

(1) 设计实验,测定海水中氢离子的活度系数。

(2) 给出温度和盐度变化对海水中氢离子活度系数的影响。

三、实验内容

(1) 参考实验七的方法及实验装置,设计向海水中加入强酸,通过体系氢离子活度的改变测定氢离子活度系数的实验方法。

(2) 盐度的影响:用蒸馏水稀释海水,得到不同盐度的稀释海水,测定其氢离子的活度系数,探讨盐度对活度系数的影响。

(3) 温度的影响:设置温度梯度,测定不同温度下氢离子的活度系数,探讨温度的影响。

四、实验设计、操作及报告要求

（1）列出实验原理和操作步骤，测定并计算海水中氢离子的活度系数。

（2）列出实验所需的仪器设备、试剂及配制方法。

（3）完成实验，给出测定结果，讨论盐度和温度对氢离子活度系数的影响程度及原因。

（4）完成实验报告。

五、问题讨论

（1）查阅文献，总结测定离子活度系数的方法。

（2）为何可用电动势法测定氢离子的活度系数？

（3）配制溶液所用蒸馏水中若含有杂质离子，对测定结果有何影响？

（4）影响本实验测定结果的主要因素有哪些？

参考文献

[1] 曹知勉,戴民汉. 海洋钙离子非保守行为及海洋钙问题[J]. 地球科学进展,2008,23:9-16.

[2] 程鹏里. 隔膜电解法测定离子水化数[J]. 物理化学学报,1985,1(6):579-585.

[3] 崔红,孙秉一. 河口区水体中磷酸盐的缓冲机制[J]. 海洋湖沼通报,1991,1:77-84.

[4] 傅献彩,沈文霞,姚天扬. 物理化学(下册). 4 版. [M],北京:高等教育出版社,1990.

[5] 国家海洋局. 海洋监测技术规程(HY/T147.1-2013),第 1 部分:海水[M]. 北京:中国标准出版社,2013.

[6] 海洋监测规范,第 4 部分:海水分析,GB 17378.4-2007.

[7] 海洋监测规范,第 5 部分:沉积物分析,GB 17378.5-2007.

[8] 海洋监测规范,第 6 部分:生物体分析,GB/T 17378.6-2007.

[9] 郝珍珍,黄延吉,董春肖. 青岛近海冬末春初海水碳酸盐体系的特征[J]. 海洋湖沼通报,2016,4:29-37.

[10] 李铁,卢彦宏,李永立,等. 海水碳酸盐体系表观解离平衡常数研究进展[J]. 海洋湖沼通报,2013,3:115-122.

[11] 石晓勇,史致丽,余恒. 黄河口磷酸盐缓冲机制的探讨:I. 黄河口悬浮物对磷酸盐的吸附—解吸研究[J]. 海洋与湖沼,1999,30:192-198.

[12] 孙秉一,宁征,王永辰等. 浮游植物生物法测定海水铜络合容量[J]. 青岛海洋大学学报,1990,20(4):19-25.

[13] 孙秉一,王恕昌,王永辰,等. 海水中锌的羟基络合物[J]. 海洋与湖沼,1980,11:109-114.

[14] 孙秉一,王永辰,张忠东. 黄河口及邻近海域水体中钙的研究[J]. 海洋学报,1988,10:437-444.

[15] 王永辰. 氟镁离子对形成常数的测定[J]. 海洋湖沼通报,1985,1:36-41.

[16] 王江涛,谭丽菊. 海水中溶解有机碳测定方法评述[J]. 海洋科学,1999,2:26-28.

［17］王江涛，谭丽菊. 海洋物理化学［M］. 青岛：中国海洋大学出版社，2016.

［18］王江涛，赵卫红，谭丽菊. 高温燃烧法测定海水中的溶解有机碳［J］. 海洋与湖沼，1999，30(5)：546-551.

［19］杨文治. 理化学实验技术［M］. 北京：北京大学出版社，1992.

［20］张洪林，杜敏，姬泓巍，等. 物理化学实验［M］. 青岛：中国海洋大学出版社，2009.

［21］张伟，郝珍珍，李铁，等. 自动电位滴定法测定海水中的钙［J］. 海洋湖沼通报（待刊），2017.

［22］张正斌，陈镇东，刘莲生，等. 海洋化学原理和应用——中国近海的海洋化学［M］. 北京：海洋出版社，1999.

［23］祝陈坚，韩秀荣，谭丽菊，等. 海水分析化学实验［M］. 青岛：中国海洋大学出版社，2006.

［24］Andersen L G，Turner D R，Wedborg M，etal. Determination of total alkalinity and total dissolved inorganic carbon［C］. In：Grasshoff K，Ehrhardt M，Kremling K，（Editors）. Methods of Seawater Analysis，3rd，completely revised and extended edition. Chichester：John Wiley & Sons，1999.

［25］Bates R，Determination of pH. New York：John Wiley and Sons，1973.

［26］Dickson A G，Sabine C L，Christian J R. Guide to Best Practices for Ocean CO_2 Measurements. Pieces Special Publication 3，IOCCP Report No. 8，2007.

［27］He Z，Yang G，Lu X，etal. Distributions and sea-to-air fluxes of chloroform，trichloroethylene，tetrachloroethylene，chlorodibromomethane and bromoform in theYellow Sea and the East China Sea during spring. Environmental Pollution，2013，177：28-37.

［28］He Z，Yang G，Lu X. etal. Halocarbons in the marine atmosphere and surface seawater of thesouth Yellow Sea during spring. Atmospheric Environment，2013，80：514-523.

［29］Knap A，Michaels A，Close A，etal. Protocols for the Joint Global Ocean Flux Study (JGOFS) Core Measurements. JGOFS Report No. 19，1996.

［30］Kremling K，Determination of the major constituents［C］. In：Grasshoff K，Kremling K，Ehrhardt M. （Editors），Methods of Seawater

Analysis, 3rd, completely revised and extended edition. Chichester: John Wiley & Sons, 1999: 229-251.

[31] Millero F J. Chemical Oceanography, 4th edition. Boca Raton: CRC Press, 2013.

[32] Mucci A. The solubility of calcite and aragonite in seawater at various salinities, temperatures, and one atmosphere total pressure. American Journal of Science, 1983, 283: 780-799.

[33] Pilson M E Q. An Introduction to the Chemistry of the Sea, 2nd edition. Cambridge, UK: Cambridge University Press, 2013.

[34] Skirrow G. The dissolved gases-carbon dioxide. In: J. P. Riley, G. Skirrow (Editiors), Chemical Oceanography, Volume 2, 2nd edition. London: Academic Press, 1975.

[35] Tsunogai S, Nishimura M, Nakaya S. Complexometric titration of calcium in the presence of larger amounts of magnesium. Talant, 1968, 15.

[36] Wedborg M, Turner D R, Andersen L G. Determination of pH. In: Grasshoff, K., Ehrhardt, M., Kremling, K., (Editors), Methods of Seawater Analysis, 3rd, completely revised and extended edition. Chichester: John Wiley & Sons, 1999, 109-125.

[37] Yang J, Zhang G, Zheng L, et al. Seasonal variation of fluxes and distributions of dissolved methane inthe North Yellow Sea. Continental Shelf Research, 2010, 30: 187-192.

[38] Zhang G, Zhang J, Liu S, et al. Methane in the Changjiang (Yangtze River) Estuary and its Adjacent MarineArea: Riverine Input, Sediment Release and Atmospheric Fluxes. Biogeochemistry, 2008, 91 (1): 71-84.

[39] Zhang G, Zhang J, Ren J, etal. Distributions and sea to air fluxes of Methane and Nitrous Oxide in theNorth East China Sea in Summer. MarineChemistry, 110 (1/2), 2008: 42-55.